L'enfant prématuré

Fleur Lejeune
Édouard Gentaz

L'enfant prématuré

Développement neurocognitif et affectif

Odile Jacob

15, rue Soufflot, 75005 Paris

www.odilejacob.fr

ISBN : 978-2-7381-3287-1

Préface

La prématurité peut se résumer comme un « accident de parcours » dans le développement d'un enfant, jamais souhaitable, souvent redouté par les parents, et source d'inquiétudes quant au devenir ultérieur. D'une façon simple, on pourrait dire que le soin prodigué aux enfants prématurés a pour finalité d'amener l'enfant au devenir qu'il aurait dû avoir s'il était né à terme.

L'évolution de ces enfants, au-delà du séjour en unité de soins de néonatologie, a continuellement été une question cruciale pour tous les tiers impliqués, de près ou de loin, dans la naissance d'un enfant prématuré : ses parents et plus largement sa famille, mais aussi ses soignants – puéricultrices, sages-femmes, obstétriciens, néonatologues, radiologues, chirurgiens pédiatres et psychologues. La question du pronostic est toujours d'actualité. Cela explique que les soins aux prématurés soient régulièrement discutés, commentés, justifiés ou au contraire remis en cause. Durant les années 1970 et 1980, la préoccupation a été largement dominée par la prévention des séquelles graves, motrices et intellectuelles, en identifiant les situations à risque. Depuis les années 1990 et à la lumière des connaissances fournies par l'étude épidémiologique Épipage 1[1], préserver le développement cognitif de l'enfant prématuré est devenu un souci constant en néonatologie.

Cet ouvrage, rédigé par Fleur Lejeune et Édouard Gentaz, illustre parfaitement cette notion. En rappelant d'abord pourquoi et comment on naît prématurément, ainsi que les données épidémiologiques sur le pronostic de ces enfants, le contexte est situé. En détaillant ensuite en quoi l'environnement précoce et les stimulations sensorielles peuvent influencer le devenir cognitif, la problématique est posée. Enfin, en expliquant comment la recherche peut se conduire dans ce domaine afin de comprendre les compétences cognitives de l'enfant prématuré et ce qui les détermine, l'enjeu est annoncé. Car il y a un enjeu autour de cette recherche : toujours mieux soigner, mieux comprendre, mieux connaître, mieux prévenir. Ces objectifs ne peuvent être atteints que par un regroupement de professionnels différents. J'ai eu la chance de pouvoir travailler avec Édouard Gentaz et Fleur Lejeune. Cette alchimie entre médecins en périnatalité et chercheurs en sciences cognitives est intéressante, car elle permet sans cesse de replacer les travaux exploratoires sur les compétences cognitives dans une perspective d'application aux soins.

S'intéresser aux compétences cognitives de l'enfant prématuré est tout sauf accessoire. On pourrait imaginer qu'il s'agit là de découvrir des performances d'un enfant même très petit et s'en émerveiller. C'est plus que cela. C'est comprendre un

1. L'Institut national de la santé et de la recherche médicale (Inserm) a lancé depuis janvier 1997 une grande étude de cohorte intitulée Épipage (Étude épidémiologique sur les petits âges gestationnels) qui évalue le devenir des très grands prématurés.

enfant dans sa sensorialité pour essayer de la préserver, et c'est fondamental pour son développement ultérieur. Voilà qui est dit. Il ne reste maintenant qu'à faire.

Pr Thierry Debillon,
médecin chef du service de médecine néonatale
et réanimation pédiatrique du CHU de Grenoble.

Introduction

Les recherches sur le développement sensoriel, cognitif et affectif des enfants nés prématurément se sont fortement développées ces dernières années. Elles mettent toutes clairement en avant les risques auxquels ces enfants sont exposés en raison de leur naissance prématurée. La naissance prématurée est une question de santé publique, il est par conséquent important d'informer les étudiants en psychologie et en médecine, ainsi que les professionnels de la petite enfance (psychologue, infirmier, éducateur, orthophoniste, pédiatre, médecin, puéricultrice, psychomotricien, etc.), novices ou expérimentés, désireux de confronter leur pratique à certains résultats récents de la recherche en psychologie et sciences cognitives sur ce sujet. Cet ouvrage pourra également être utile à tous les jeunes parents concernés par une naissance prématurée et soucieux d'acquérir des connaissances récentes afin de mieux comprendre le développement psychologique de leur enfant.

L'originalité de cet ouvrage tient à la présentation intégrée et synthétisée de différentes thématiques de recherche sur la prématurité habituellement traitées de manière indépendante, alors qu'elles sont intrinsèquement liées les unes aux autres. Ainsi, son premier objectif est de montrer que les bébés prématurés ont déjà, malgré l'immaturité des systèmes sensoriels, des compétences sensorielles (tactiles, olfactives, gustatives, auditives et visuelles) significatives présentant des similarités et des spécificités par rapport aux bébés nés à terme. Son deuxième objectif est d'expliquer en quoi l'environnement atypique bien que vital (service de néonatologie) de l'enfant prématuré est une source importante de stress qui peut avoir un impact négatif sur son développement à court et à moyen terme. Son troisième objectif est d'exposer certains impacts à moyen et long terme de la prématurité sur le développement neurocognitif, émotionnel, social et affectif de ces enfants. Son quatrième et dernier objectif est de présenter les effets positifs – et leurs limites – des soins de développement (NIDCAP, thérapie par le massage, méthode kangourou, MITP, ATVV) sur le développement sensoriel, cognitif et affectif des enfants nés prématurément.

CHAPITRE 1

La prématurité

Définition, causes et conséquences

Tout d'abord, il convient de définir la prématurité et ses degrés, puis l'évolution de la fréquence des naissances prématurées, leurs causes multiples et, enfin, les intérêts, à la fois théoriques et pratiques, d'étudier scientifiquement le développement psychologique des enfants nés prématurément. Nous allons montrer ainsi que la naissance avant terme présente un enjeu majeur pour notre société.

Comment définir la prématurité et ses degrés ?

L'Organisation mondiale de la santé (OMS) définit comme prématurée toute naissance survenue avant 37 semaines d'aménorrhée (SA) révolues (calculées à partir du premier jour des dernières règles de la mère). Rappelons qu'une naissance à terme se situe entre 37 et 41,5 SA. La limite de viabilité d'un fœtus, déterminée en fonction de sa capacité à survivre en milieu extra-utérin, est en général établie à 22 SA, avec un poids d'au moins 500 grammes environ. À partir de cette définition, on distingue quatre sous-groupes en fonction de leur âge gestationnel[1] et des risques spécifiques auxquels les prématurés peuvent être exposés, tels que le taux de mortalité, le taux de morbidité ou les séquelles ultérieures : prématurité « extrême » (moins de 28 SA), « très grande » prématurité (28 à moins de 32 SA), prématurité « modérée » (32 à moins de 34 SA) et prématurité « tardive » (34 à moins de 37 SA). Pour avoir une idée de la répartition des naissances prématurées au sein de chaque sous-groupe, le tableau 1 présente des données recueillies dans le monde et en France en 2010 [1-2]. Nous pouvons notamment observer que la majorité de ces naissances, environ 4 sur 5, survient à partir de 32 SA.

Tableau 1. Répartition des naissances prématurées en 2010 selon leur âge gestationnel dans le monde et en France.

Prématurité	Âge gestationnel	Monde	France
Extrême	< 28 SA	5,2 %	8,9 %
Très grande	28 à < 32 SA	10,4 %	11,2 %
Modérée	32 à < 34 SA	84,3 %	79,9 %
Tardive	34 à < 37 SA		

En comparant les pourcentages de naissances prématurées extrêmes, nous pouvons constater que la France présente un taux plus important (8,9 %) que le taux mondial (5,2 %). Cette

1. L'âge gestationnel correspond à la durée de gestation dans le ventre de la mère jusqu'à l'accouchement prématuré ou à terme qui se compte à partir du premier jour des dernières règles.

différence illustre un phénomène plus global où les pays les plus riches, grâce à des moyens médicaux adéquats pour les soins intensifs néonataux, arrivent à ce jour à sauver environ 90 % des enfants prématurés nés avant 28 SA, alors que les pays les plus pauvres le peuvent pour seulement environ 10 % d'entre eux.

Les naissances prématurées sont-elles fréquentes et augmentent-elles ?

L'OMS estime que 14,9 millions de naissances sont intervenues avant terme en 2010 dans le monde, correspondant ainsi à 11,1 % de la natalité mondiale totale [1]. Ce taux varie de 5 à 18 % selon le pays (184 au total). Plus de 60 % des naissances prématurées sont survenues en Afrique subsaharienne et en Asie du Sud. Depuis plus de vingt ans, nous assistons à une augmentation des naissances prématurées, notamment dans les pays les plus riches. En France, la Direction de la recherche des études de l'évaluation et des statistiques (DREES) a recensé une augmentation des naissances prématurées entre 1995 et 2010, avec un taux évoluant de 5,9 à 7,4 % [2]. De nombreuses raisons (non développées dans le présent ouvrage) peuvent expliquer cette augmentation, tels que les progrès continuels des soins médicaux prodigués ou encore l'évolution des caractéristiques de la population maternelle (âge, conditions de travail, etc.). Afin d'illustrer ce dernier point, prenons l'exemple de la France, qui a vu la proportion des mères de plus de 35 ans passer de 12,5 % en 1995 à 19,2 % en 2010, ainsi que la proportion de mères travaillant pendant leur grossesse passer de 60,2 % en 1995 à 70,2 % en 2010. Ces données et surtout leurs évolutions mettent en évidence que la prématurité doit être considérée comme une réelle question de santé publique mondiale.

Pourquoi naît-on prématurément ?

Une naissance prématurée résulte de causes multiples souvent intriquées. Classiquement, c'est la nature spontanée ou provoquée de l'accouchement prématuré qui permet de distinguer ainsi deux grands groupes, correspondant respectivement à 66,5 % et 33,5 % des naissances prématurées en 2010 en France [2].

La prématurité spontanée est la conséquence d'un déclenchement inopiné du travail pouvant s'expliquer par différents facteurs, tels qu'une grossesse multiple, une malformation de l'utérus, un excès de liquide amniotique ou encore une infection. Ensuite, si la mère, lors de sa grossesse, a une activité physique trop importante, vit dans des conditions stressantes, consomme des drogues, boit de l'alcool ou/et fume, cela augmente la probabilité d'accoucher prématurément. Enfin, l'âge de la mère (très jeune ou plus avancé), le recours à une technique de fécondation assistée, ainsi que certains antécédents médicaux (par exemple, avoir déjà accouché prématurément) viennent clore cette longue liste, certainement non exhaustive, de facteurs de risque. Néanmoins, dans plus de 50 % des cas, la cause d'une naissance prématurée spontanée ne peut pas être identifiée.

La prématurité provoquée est, quant à elle, la conséquence d'une décision médicale pour la sauvegarde fœtale et/ou maternelle. Elle survient principalement dans un contexte d'hémorragie, de prééclampsie[2], de retard de croissance intra-utérin (RCIU)[3] ou de souffrance fœtale.

Quel est l'intérêt théorique d'étudier le développement psychologique des enfants nés prématurément ?

L'étude du développement psychologique des enfants nés prématurément est très utile d'un point de vue théorique, car elle contribue à une meilleure connaissance et compréhension de la nature humaine. Depuis plus d'un siècle, la psychologie scientifique s'intéresse au nourrisson, avec des points de vue très différents sur les facteurs contribuant au développement psychologique de l'enfant, donnant plus ou moins de place à des facteurs internes (biologiques) ou/et externes (environnementaux). Par exemple, le psychologue nord-américain Arnold Gesell, dans les années 1930 [3], a construit des échelles de développement qui établissaient empiriquement l'âge moyen d'apparition de différents comportements moteurs et posturaux. Pour ce chercheur, les changements moteurs et perceptifs au cours des âges s'expliquaient essentiellement par la maturation du système nerveux et peu par des facteurs environnementaux.

---

2. Défaut de vascularisation du placenta compensé par une hypertension artérielle et une réduction de la perfusion de tous les organes.
3. Le retard de croissance intra-utérin (RCIU) correspond à une croissance insuffisante du fœtus par rapport à son âge gestationnel.

À la même époque, dans une perspective opposée dite béhavioriste, le psychologue nord-américain James Watson a proposé que les compétences s'acquièrent principalement par des conditionnements, c'est-à-dire par des facteurs environnementaux. Rappelons que le conditionnement s'appuie sur un principe simple et universel qui est notre capacité à associer deux événements indépendants qui se répètent souvent de façon concomitante. Ce phénomène est présent dans tous les instants de la vie quotidienne. Prenons un exemple de conditionnement classique : chaque fois que le bébé fait un geste (par exemple, il tourne la tête vers une image précise), on lui donne une stimulation agréable en récompense (par exemple, on lui sourit ou on l'applaudit). Dans cette perspective, le cerveau du nouveau-né est considéré comme une « page blanche » sans compétences psychologiques. Le rôle de l'environnement et de ses stimulations est considéré comme essentiel dans le développement psychologique de l'enfant.

Pour dépasser les positions innéistes et empiristes/béhavioristes de l'époque, le psychologue suisse Jean Piaget [4] a proposé sa théorie constructiviste pour expliquer la genèse des connaissances. Le développement y est considéré comme des réactions des enfants aux sollicitations de l'environnement. L'enfant est activement impliqué dans son évolution : il est acteur de son propre développement et n'est plus considéré comme se développant tout seul par la maturation (Gesell), ni comme façonné passivement par les pressions externes (Watson). Dans cette perspective, l'enfant connaît la réalité par l'intermédiaire des processus cognitifs dont il dispose et qu'il utilise pour se la représenter.

Actuellement, beaucoup d'études abordent la question du développement psychologique des enfants dans une perspective cognitiviste. Les sciences cognitives sont « une tentative contemporaine, faisant appel à des méthodes empiriques, pour répondre à des questions épistémologiques fort anciennes, et plus particulièrement à celles concernant la nature du savoir, ses composantes, ses sources, son développement et son essor » [5]. Les sciences cognitives font appel à un ensemble de disciplines (neurosciences, psychologie, linguistique, informatique, anthropologie et philosophie) pour proposer des explications et des prédictions quant à la nature, à l'origine et au développement psychologique de l'enfant. Rappelons que cette approche de la genèse et du développement des connaissances a pleinement pris son essor en Europe, à l'Université de Genève, avec la création par Jean Piaget en 1955 du Centre international d'épistémologie génétique.

Il est impossible de présenter ici l'ensemble des théories du développement psychologique tant leur nombre est important et leurs points de vue différents [6]. Pour ces raisons, nous avons choisi de présenter brièvement les caractéristiques principales de seulement deux grands courants théoriques qui expliquent l'origine et le développement des connaissances.

Le *courant nativiste* postule qu'en raison de l'évolution phylogénétique, les enfants possèdent dès leur naissance des connaissances qui guident les acquisitions futures en sélectionnant dans l'environnement les éléments qui leur permettent d'activer et de spécifier ces connaissances *a priori*. L'environnement et ses stimuli servent à déclencher à un moment donné l'expression d'une compétence. Ainsi, Elizabeth Spelke [7-8] parle de « noyau de connaissances de concepts premiers » (*core knowledge*). Ces concepts premiers vont agir comme des contraintes sur la façon dont les bébés perçoivent et conçoivent le monde et vont s'enrichir, sans changer qualitativement, avec le développement. Renée Baillargeon [9], quant à elle, a une conception un peu différente de celle de Spelke. Elle pense plutôt que les enfants naissent, non pas avec des connaissances premières innées, mais avec un processus fortement contraint qui guide l'acquisition des connaissances sur le monde.

Le *courant neuroconstructiviste* tente, quant à lui, de concilier le nativisme et le constructivisme de Piaget. Pour Annette Karmiloff-Smith [10], ces deux courants ne sont pas contradictoires mais complémentaires. Elle propose que le développement dépend de processus innés associés au rôle crucial de l'environnement physique et socioculturel. Cette conception permet d'adhérer à la conception de Piaget, tout en laissant de côté son idée de structuration générale en faveur d'un développement de domaines spécifiques (les mathématiques, le langage). La spécificité des domaines serait alors le résultat de l'apprentissage et non son point de départ. Elle ajoute à la théorie de Piaget des prédispositions innées et spécifiques. Mais ces prédispositions sont moins précises et se situent dans des domaines moins spécifiques que pour les nativistes. Le processus de spécialisation serait donc graduel, témoignant aussi de la grande plasticité cérébrale des enfants.

L'étude du développement psychologique des enfants nés prématurément permet d'interroger ces courants théoriques dont les observations proviennent souvent d'enfants nés à terme. En effet, l'existence de compétences sensorielles chez des nouveau-nés prématurés renforcera l'hypothèse de connaissances ou de structures innées défendues par les deux courants théoriques. De même, la mise en évidence d'effets bénéfiques spécifiques de soins de développement sur le développement sensoriel, cognitif et affectif des enfants nés prématurément renforcera davantage les théories neuroconstructivistes.

Quel est l'intérêt pratique d'étudier le développement psychologique des enfants nés prématurément ?

L'étude du développement psychologique des enfants nés prématurément est aussi très utile d'un point de vue pratique, car la diffusion de leurs résultats dans les revues destinées aux professionnels et dans les médias destinés aux parents participe aux conceptions que les adultes ont, à un moment donné de l'histoire, des enfants et de leurs compétences. Pour les parents, il est facile d'imaginer que la nature de cette conception peut influencer la façon dont ils vont se comporter avec leur bébé. Schématiquement, si nous avons une conception d'un bébé « végétatif et peu compétent », nous serons peu enclins à développer les interactions avec lui, étant persuadés qu'il ne perçoit rien, alors qu'une conception d'un bébé « compétent » favorisera ces interactions. Pour les professionnels de l'enfance, mieux connaître les compétences et le développement psychologique des enfants prématurés est une condition essentielle à l'amélioration de la qualité des soins et des interventions qui leur sont prodigués lors des différentes prises en charge.

S'il est donc très important d'étudier les compétences des bébés nés prématurément, cela peut parfois engendrer deux excès – la surstimulation et sa comparaison stricte à une norme. Ainsi, une prise de conscience de toutes les compétences du bébé de même qu'une forte pression sociale peuvent conduire certains adultes à surstimuler leur bébé afin de l'éveiller davantage et ainsi augmenter ses chances de réussite plus tard. Cette surstimulation n'est pas forcément pertinente selon les domaines, comme nous le verrons plus loin. Le deuxième excès est un effet secondaire d'une bonne connaissance des compétences des bébés par les adultes. Ces derniers peuvent s'inquiéter très rapidement de ne pas observer chez leurs bébés une compétence spécifique à l'âge indiqué. Avant de s'inquiéter, il faut bien savoir que les résultats présentés dans la littérature scientifique font référence à des moyennes statistiques établies à partir d'un grand nombre de bébés et qu'il existe par nature une grande variabilité (intra- et interindividuelle) dans le développement des bébés, aussi bien nés à terme que prématurément.

Le point de vue de la maman de Sékou, « né trop tôt »

« Illusion que tout va bien pendant des mois, puis retour brutal à la réalité, un moment où ton monde bascule. Je me nomme Sacké Kouyaté, épouse Ouattara, la maman de Sékou "né trop tôt". Tout a commencé le 18 février 2014, jour où je devais effectuer ma troisième échographie de grossesse. J'apprends que le bébé est en sous-poids et qu'il ne se nourrit plus. Les médecins diagnostiquent une absence de circulation sanguine entre mon bébé et moi, quelle horreur ! Je n'étais qu'à 27 semaines d'aménorrhée, c'est long et c'est court en même temps… On peut vivre beaucoup de choses en six mois d'une grossesse tant désirée. Il faut dire que cette grossesse n'a pas été de tout repos et ce depuis son début. Compte tenu de la gravité de la situation, je suis transférée de la clinique où ma grossesse était suivie jusque-là au CHU de Grenoble.

Après une multitude d'examens pendant trois jours et un ballet de spécialistes dans ma chambre d'hôpital, les résultats confirment une prééclampsie. Conséquence, une interruption urgente de grossesse s'impose, car ma vie et celle du bébé sont menacées. Cette nouvelle tombe comme un coup de massue, car à cet âge, les chances de survie du bébé sont limitées, sans parler des potentielles séquelles. L'équipe médicale composée de pédiatres, de chirurgiens, d'anesthésistes et de psychologues m'a alors expliqué la suite des événements, à savoir la césarienne ainsi que la prise en charge du bébé. L'ambiance était devenue de plus en plus pesante, le flux d'informations et de nouvelles peu encourageantes était insoutenable.

Dans les secondes qui ont précédé la naissance de Sékou, la sage-femme a pris la peine de m'expliquer qu'elle ne prendrait ni le temps ni la précaution de me montrer mon enfant parce qu'une équipe de réanimation l'attendrait derrière la porte du bloc avec une couveuse et de l'oxygène. Chaque minute comptait pour sa survie et son avenir. Ne pas voir naître son bébé... C'était la panique, l'angoisse et encore une fois les pleurs. Mon Dieu ! Je n'avais pas le moindre espoir qu'un enfant de cet âge puisse vivre, j'ignorais tout de la naissance précoce, jamais je n'avais vu de prématuré. J'entendais toujours dire tel est né à 34 semaines d'aménorrhée, parfois à 32, mais jamais à 27.

Sékou est donc né le 20 février. Il pesait à peine 675 grammes et mesurait 32 centimètres. Je ne voulais pas voir mon bébé ni le connaître, car je pensais qu'il n'avait aucune chance de vivre. Les pédiatres, les médecins, mes amis, mes parents et les psychologues n'ont cessé de m'encourager à voir Sékou, qui était au service de réanimation néonatale. Mais trois jours après sa naissance, je n'en avais toujours pas eu le courage, jusqu'à ce qu'une amie qui avait eu une fille prématurée me rende visite. Elle était justement venue avec elle, alors âgée de 2 ans et, m'a finalement convaincue. Mon mari m'a emmenée voir enfin mon bébé. Je n'en revenais pas : il était si minuscule, si fragile, si vulnérable mais déjà très fort.

Il bougeait de partout ses mains, ses pieds comme s'il me parlait. Mes larmes coulaient. Je ne savais pas si j'existais en ce moment tellement c'était douloureux. Il y avait des machines de partout. Je ne pouvais même pas le toucher. Sékou était bardé d'électrodes, respirait avec un masque et était nourri à l'aide d'une sonde.
Après ma première visite, je ne pensais qu'à lui, je ne dormais plus, j'avais le sentiment de l'abandonner quand je le laissais, je l'aimais déjà si fort. Le voir se battre tout seul sans pouvoir rien faire était insupportable. C'est alors qu'a commencé une vie rythmée par les soins, l'angoisse et la peur de perdre mon enfant du jour au lendemain. Les premières semaines d'hospitalisation de Sékou, mon petit cœur, étaient émaillées de doutes entre sa survie et les éventuelles séquelles.
Mon quotidien se résumait à partager mon rôle de maman avec les bonnes fées (les puéricultrices), les pédiatres et les médecins. Entendre les alarmes sonner dans sa chambre, le regarder sans pouvoir l'embrasser ni pouvoir l'aider étaient frustrants ! Je me sentais coupable de ne pas avoir été à terme. J'avais peur de ne plus pouvoir le prendre dans mes bras ni le toucher. Je lui faisais très souvent le "peau-à-peau" inspiré de la méthode kangourou. Cela me faisait beaucoup de bien, car c'était un moment où je pouvais le toucher et le tenir contre moi. J'avais le sentiment de le protéger et de l'aider à se battre.
Du point de vue de son histoire clinique, Sékou dès sa naissance a souffert d'une dysplasie bronchopulmonaire sévère liée à sa prématurité, il était resté sous assistance respiratoire pendant 79 jours puis sous oxygène jusqu'à 42 semaines d'aménorrhée. Il faisait de l'apnée car, à cet âge, les bébés oublient souvent de respirer. Son taux de sucre variait de jour en jour. Il faisait des bradycardies et des tachycardies de temps en temps. Afin de l'aider à respirer, il a été intubé, puis extubé. Sa peau s'infectait souvent à cause de la candidose.
Je sais que peu de gens peuvent comprendre la situation, imaginer ce que l'on ressent dans ce type d'épreuve ; se demander si demain

il sera encore en vie était très stressant et surtout la peur de me séparer de lui était encore plus difficile à supporter. Le séjour en réanimation du service de néonatalogie, c'est des hauts et des bas à répétition, un jour ton enfant va bien et le lendemain il rechute. C'était très dur à gérer. J'avais peur d'entendre le téléphone sonner et voir s'afficher le numéro de l'hôpital pour nous annoncer une mauvaise nouvelle.

Chaque jour gagné était pour moi une victoire. Sans doute, tous les parents qui ont été confrontés à ce genre d'épreuve ont à un certain moment ressenti le sentiment de ne pas être compris. Mon couple à un certain moment a failli se noyer.

Sékou a quitté l'hôpital après 112 jours d'hospitalisation. Aujourd'hui, il n'a plus de traitement autre que des suppléments de vitamines. Il est toujours sous alimentation mixte (allaitement au sein et biberon). Les différentes analyses - examen des hanches, cardiovasculaire, ophtalmologique et auditif en vue de détecter d'éventuelles séquelles - se sont jusque-là bien passées. À ce jour, tout est normal. Il est suivi par deux pédiatres (un de ville et un du CHU). Il sourit, il gazouille, il joue avec ses mains, il aime la lumière et sursaute au moindre bruit. Sékou est un hercule, il s'est battu sans cesse, malgré d'innombrables difficultés dès le début de sa vie. Il a réussi à les surmonter. Il nous comble de bonheur, c'est un petit garçon bien vivant, il fait ses nuits et continue de pousser normalement. Il me rassure quand il me regarde dans les yeux puis sourit.

J'ai surmonté ces difficiles épreuves grâce à mon mari, à mes parents, à mes amies, aux médecins, aux sages-femmes, aux anesthésistes, aux psychologues et aux aumônières. Surtout grâce aux pédiatres et aux puéricultrices, qui n'ont ménagé aucun effort pour les soins et l'évolution de Sékou. Je ne souhaite cette expérience à personne, bien entendu, mais si cela vous arrivait, gardez l'espoir car avec les progrès de la médecine, tout reste possible. »

CHAPITRE 2

Quelles sont les compétences sensorielles précoces des enfants prématurés ?

Mieux connaître les compétences sensorielles précoces des enfants prématurés est une condition essentielle à l'amélioration de la qualité des soins qui leur sont prodigués lors de leur hospitalisation en néonatologie. En effet, lorsqu'un enfant naît prématurément ses systèmes sensoriels sont davantage immatures en comparaison de ceux des enfants nés à terme. Comment vont se développer leurs capacités à percevoir les stimuli de leur environnement et dans quelle mesure sont-elles différentes de celles des nouveau-nés nés à terme ?

Répondre à ces questions n'est pas facile, car la gamme de comportements des nouveau-nés est limitée. On va s'appuyer par exemple sur le toucher, la succion ou le regard. Les chercheurs vont mesurer et utiliser ces comportements comme de précieux indicateurs d'une compétence. En utilisant des indicateurs comportementaux comme l'amplitude et le nombre de succions, le temps de tenue d'un objet, le temps de regard et

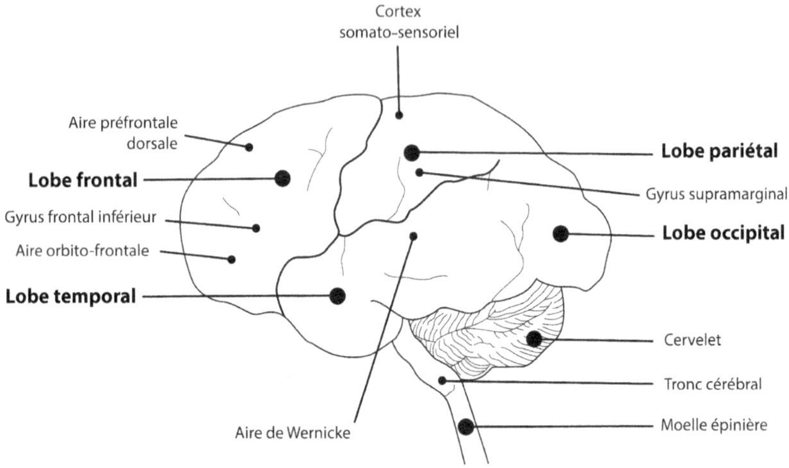

Figure 1. Représentation schématique d'un cerveau où apparaissent les quatre lobes principaux (en gras), ainsi que certaines structures cérébrales et les différentes aires cérébrales mentionnées dans les études décrites dans l'ensemble du livre.

d'autres comme le rythme cardiaque ou la fréquence respiratoire, les chercheurs en psychologie ont mis au point, depuis une trentaine d'années, différentes méthodes scientifiques pour étudier la présence ou non de certaines compétences perceptives et cognitives chez des nourrissons nés à terme ou prématurément, âgés de quelques jours à quelques mois. La méthode la plus fréquemment utilisée, quel que soit le sens étudié, est la procédure d'habituation et de réaction à la nouveauté/déshabituation (encadré 1). Plus récents, d'autres indicateurs mesurant l'activité cérébrale sont désormais de plus en plus utilisés pour venir compléter nos connaissances sur les compétences sensorielles et leurs signatures neuronales (encadré 2 et figure 1). Intéressons-nous maintenant à ce que les nourrissons prématurés sont capables de percevoir comme stimuli avec chacun de leurs sens [11-12]. Nous avons adopté une présentation qui suit le développement ordonné des différents sens observé pendant la gestation : d'abord le toucher, puis l'olfaction, le goût, l'audition et enfin la vision.

Encadré 1
Une méthode comportementale « d'habituation et de réaction à la nouveauté » pour étudier les compétences des bébés

La méthode appelée « méthode d'habituation et de réaction à la nouveauté » s'appuie sur un principe simple et universel qui est le désintérêt progressif que nous manifestons pour un stimulus familier et le regain d'attention que nous avons pour un stimulus nouveau. Cette méthode consiste donc à présenter plusieurs fois de suite le même stimulus au bébé jusqu'à ce qu'il s'y habitue, c'est-à-dire qu'il s'y intéresse de moins en moins. Dans cette phase d'habituation, il existe deux types de procédures :

- Dans la procédure à essais fixes, le nombre d'essais (nombre de présentations du stimulus) et la durée de chaque essai (par exemple 15 secondes) sont déterminés à l'avance. Dans le cas de la modalité visuelle par exemple, on enregistre le nombre de secondes pendant lesquelles le bébé regarde le stimulus au cours de chaque essai. On calcule ensuite un taux d'habituation : on compare la moyenne des durées de fixation des deux (ou trois) derniers essais à celle des deux (ou trois) premiers. L'inconvénient de cette méthode est qu'elle ne tient pas compte des comportements individuels. La vitesse d'habituation varie d'un bébé à l'autre, et donc certains bébés ne peuvent pas avoir le temps de s'habituer.
- Dans la procédure contrôlée par le bébé, la durée et le nombre des essais ne sont pas déterminés à l'avance, mais sont régulés par le nouveau-né. Dans le cas du toucher actif par exemple, un essai

débute lorsque le bébé touche le stimulus et s'arrête lorsqu'il le lâche. Le chercheur met fin à la phase d'habituation quand le bébé a atteint un certain critère. La difficulté va être de définir ce critère, c'est-à-dire de savoir au bout de combien d'essais on considère que le nouveau-né est habitué. Une diminution de 50 % de la moyenne des temps de tenue de trois essais consécutifs par rapport à la moyenne des trois premiers essais est un critère souvent choisi par les chercheurs.

Lorsque le critère d'habituation est atteint, on passe alors à la phase de test qui consiste à présenter un stimulus nouveau. Si on constate que l'attention (qui se traduit par le temps de tenue) du bébé augmente, on en conclut qu'il réagit à la nouveauté (aussi appelée la déshabituation) et qu'il a donc discriminé le stimulus nouveau du stimulus familier. En d'autres termes, cela va nous renseigner sur la capacité du bébé à comparer et à différencier un stimulus appris d'un nouveau stimulus (discrimination).

Mais, comment savoir si cette augmentation du temps de tenue est due au hasard ou s'il y a réaction à la nouveauté ? La première solution consiste à tester un « groupe contrôle » à qui le chercheur propose la même phase d'habituation qu'au groupe expérimental, mais avec des essais supplémentaires. On observe ensuite s'il y a une différence entre le groupe expérimental et le groupe contrôle dans les essais supplémentaires (postcritère) d'habituation. Si c'est le cas, il y a bien réaction à la nouveauté dans le groupe expérimental. La deuxième solution consiste à présenter dans la phase test les stimuli « familier » et « nouveau » en alternance. On compare alors les temps de tenue pour ces deux stimuli.

En conclusion, cette méthode montre que les bébés ont une mémoire. S'ils n'en avaient pas, ils ne s'habitueraient pas. Ils cesseraient alors de s'intéresser au stimulus présenté au bout d'un moment, par fatigue. Cependant, ce n'est pas de la fatigue dont il s'agit, sinon ils ne s'intéresseraient pas au nouveau stimulus.

En d'autres termes, les bébés sont des consommateurs de nouveauté. Tout se passe en effet comme s'ils aimaient bien comparer ce qu'ils connaissent déjà à ce qu'ils ne connaissent pas encore. Les connaissances nouvelles s'organisent par rapport aux connaissances anciennes et la mémoire joue donc un rôle considérable dans cette boulimie de nouveauté et cette mise en place de connaissances nouvelles.

Encadré 2
Les techniques pour étudier l'activité cérébrale des bébés

Nous allons décrire les trois techniques d'imagerie cérébrale utilisées par les chercheurs pour mesurer l'activité cérébrale des bébés en train d'effectuer certaines tâches et donc d'examiner les bases cérébrales de leurs compétences : les potentiels évoqués (PE), l'imagerie par résonance magnétique fonctionnelle (IRMf) et la spectroscopie proche infrarouge (NIRS). Ces techniques apportent des informations complémentaires aux mesures comportementales et physiologiques. Les techniques électroencéphalographiques (EEG) consistent en l'enregistrement de l'activité électrique du cerveau au niveau du scalp, après un événement sensoriel. Le calcul de la moyenne du signal électrique lors des présentations successives du stimulus permet d'extraire de l'activité cérébrale de fond (aléatoire par rapport au stimulus) la séquence des événements électriques liée au traitement du stimulus. La résolution temporelle des PE est excellente puisque le signal se modifie de milliseconde en milliseconde. Sa résolution spatiale est limitée par le fait que le voltage mesuré à la surface de la tête à un moment donné est la résultante de l'activation de toutes les régions cérébrales actives à cet instant.

L'IRMf est fondée sur la mesure des modifications du signal liées aux variations d'oxygénation sanguine ou effet BOLD (*blood oxygenation level dependent*). Nous savons que les mécanismes neuronaux qui sous-tendent les activités cognitives suscitent de manière continue des besoins métaboliques importants. Cette demande énergétique est comblée principalement par l'utilisation de glucose. Comme le cerveau possède peu de réserves, il est dépendant de l'apport continu d'oxygène et de glucose. Dès lors, les variations régionales correspondent assez précisément aux besoins métaboliques requis. Ainsi, les mesures du débit sanguin régional ou de la consommation cérébrale d'oxygène et de glucose permettent d'obtenir une estimation de l'activité métabolique liée à l'activité synaptique sous-tendant des tâches cognitives. Ces deux techniques sont complémentaires : bonne résolution spatiale de l'IRM et bonne résolution temporelle des PE. Ainsi, par exemple, les potentiels évoqués sont particulièrement adaptés pour des stimuli courts, comme des syllabes, et l'IRMf pour des stimuli longs, comme des phrases.

De même que l'IRM, la NIRS est une mesure métabolique de l'activité neuronale. En effet, l'activité neuronale entraîne une augmentation de l'oxygénation du sang dans le cerveau, ce qui peut être détecté par la lumière proche infrarouge. Cette technique, récemment utilisée chez les nourrissons, présente des avantages. Ainsi, la résolution spatiale de la NIRS est bien supérieure à celle de l'EEG. Sa résolution temporelle est certes meilleure qu'en IRMf, mais moins bonne qu'en EEG. Contrairement à l'IRMf qui utilise des bobines de gradient, induisant un bruit très important, la NIRS est totalement silencieuse, ce qui permet de présenter des stimuli auditifs. La NIRS est également moins sensible aux mouvements par rapport à l'IRM ou l'EEG, il n'est donc pas nécessaire de maintenir la tête et/ou le corps du petit patient dans une rigidité totale. La limitation majeure de la NIRS est qu'elle permet exclusivement l'investigation des couches superficielles du cerveau, ce qui inclut les aires corticales cruciales pour l'étude du langage, de l'audition, de la vision entre autres, mais exclut des structures plus internes (figures 1 et 4) qui sous-tendent certaines fonctions cognitives pour lesquelles la NIRS ne constitue donc pas un outil de choix (émotions, etc.).

Les touchers passif et actif

Les études s'intéressant au sens du toucher chez les nouveau-nés prématurés distinguent le toucher passif du toucher actif [13-15]. Nous entendons par toucher passif toute stimulation appliquée sur le corps de l'enfant qui ne nécessite pas d'exploration active du stimulus, ce que nous opposons au toucher actif, ou haptique, dans lequel l'enfant explore le stimulus avec des petits mouvements de la bouche ou de la main.

Développement des récepteurs sensoriels tactiles

Lors de l'embryogenèse, le système somesthésique est le premier sens à se mettre en place [16-19]. Les terminaisons nerveuses des récepteurs cutanés sont présentes dès 8-9 SA dans les régions orale et péri-orale. Le développement des récepteurs cutanés se poursuit au niveau du visage, de la paume des mains et de la plante des pieds vers 11 SA. Enfin, les récepteurs cutanés sont présents sur toute la surface du corps à 20 SA. Le réflexe d'agrippement (*grasping*), qui consiste en une flexion des doigts lorsqu'on place quelque chose dans la main, apparaît vers 18 SA.

Le toucher passif

Afin d'étudier le développement du toucher passif, des chercheurs ont constitué trois groupes d'enfants nés prématurément (très grand prématuré, prématuré modéré et prématuré tardif) et un groupe d'enfants nés à terme, tous âgés de moins d'une semaine de vie [20]. Lors de la phase d'habituation, le psychologue applique une caresse durant 4 secondes sur l'avant-bras de l'enfant à huit reprises. Puis, il saisit le poignet de l'enfant et soulève son bras deux fois pendant 4 secondes, ce qui correspond à un nouveau stimulus. Enfin, le stimulus familier est à nouveau présenté deux fois pendant 4 secondes. Cette dernière phase permet de tester la robustesse de la mémoire tactile du stimulus appris pendant l'habituation, après l'interférence créée par le nouveau stimulus. Les réponses cardiaques et comportementales (mouvements du corps) sont enregistrées en phase de sommeil agité. La majorité des enfants prématurés et nés à terme présentent une accélération cardiaque et motrice suite à la présentation initiale du stimulus ; puis les deux types de réponses diminuent lorsque la stimulation est répétée, indiquant que les enfants se sont habitués (c'est-à-dire qu'ils ont mémorisé les caractéristiques du stimulus). Cependant, 40 % d'entre eux commencent à manifester des réponses seulement après quelques essais. Ces enfants sont dits « non répondeurs ». Ces mêmes enfants échouent lors de la phase de discrimination du nouveau stimulus, contrairement aux autres (appelés les « répondeurs »), qui manifestent une accélération cardiaque et motrice à la présentation du nouveau stimulus. Par ailleurs, aucun enfant ne parvient à reconnaître le stimulus familier par la suite. En résumé, les enfants prématurés sont ainsi capables, dès 30 SA, de mémoriser, comparer et différencier deux stimulations tactiles passives, mais ils ne sont pas capables de reconnaissance après interférence. Les différences observées entre les profils d'enfants « répondeurs » et « non répondeurs » ne seraient pas la conséquence de la prématurité, mais plutôt le reflet de différences individuelles à la sensibilité tactile.

Les enfants prématurés ont-ils des compétences cutanées similaires à celles des enfants nés à terme ? Pour répondre à cette question, un groupe d'enfants prématurés modérés ayant atteint le terme (1 mois de vie environ) est comparé à un groupe d'enfants nés à terme (3 jours de vie environ) lors d'une procédure d'habituation à une stimulation tactile [21]. Tous ces enfants ont donc un même âge postconceptionnel[1] de 40 SA environ, mais les enfants prématurés ont un âge postnatal[2] plus important que ceux nés à terme. Cela signifie qu'à un même niveau de développement, les enfants prématurés ont eu une expérience *ex utero* plus longue que ceux nés à terme. Concernant la procédure, l'expérimentateur applique un filament en plastique dix fois de suite sur le bas de l'abdomen de l'enfant. Au fur et à mesure des essais, les enfants nés à terme présentent une diminution des réponses cardiaques et comportementales, alors que les enfants prématurés présentent seulement une diminution de la réponse comportementale. En résumé, à un même niveau de développement, la prématurité crée donc des modifications de réponse suite à une habituation tactile passive, caractérisées par des réponses comportementales moindres et l'absence de réponse cardiaque.

1. L'âge postconceptionnel correspond à l'addition de l'âge gestationnel et de l'âge postnatal.
2. L'âge postnatal correspond à l'âge de l'enfant à moment *t* (moment de l'étude par exemple), calculé à partir du jour de l'accouchement.

Le toucher actif ou haptique de la main

L'étude du toucher actif de la main s'appuie sur l'existence du réflexe d'agrippement, ou *grasping*. Une simple stimulation de la face interne des doigts ou de la paume de la main entraîne un mouvement d'agrippement manuel d'une force assez impressionnante pour une personne venant de naître. Pourtant, il ne faudrait pas en déduire que les capacités perceptives manuelles du nouveau-né se résument à de simples pressions systématiques sur les objets. En effet, peut-il modifier la pression de ses doigts selon l'objet et percevoir ainsi ses propriétés ?

Pour étudier la perception manuelle des formes chez les nouveau-nés nés à terme, les chercheurs montrent qu'ils sont capables de détecter des différences dans le contour de deux petits objets (un cylindre et un prisme), aussi bien de la main droite que de la main gauche [22]. Dans une première phase, le psychologue insère dans la main du nouveau-né un objet et enregistre la durée de tenue. Un bavoir est attaché au cou du nouveau-né de façon à l'empêcher de voir l'objet qu'il tient. Les durées de tenue diminuent en fonction de la présentation répétée de l'objet ; on dit que le nouveau-né s'habitue à la forme d'un objet. La moitié des nouveau-nés est habituée au cylindre et l'autre au prisme. Ensuite, le psychologue insère dans la main un nouvel objet : le prisme pour les nouveau-nés habitués au cylindre et le cylindre pour les nouveau-nés habitués au prisme. Rappelons que si la durée de tenue du nouvel objet augmente, cela signifie que le bébé détecte un changement entre l'objet auquel il est habitué et l'objet nouveau, et qu'il différencie les deux. Ce sont ces résultats qui sont observés : les nouveau-nés sont donc capables de détecter (sans aide de la vision) la différence entre deux formes d'objets, aussi bien avec la main droite qu'avec la main gauche.

Les chercheurs ont ensuite examiné cette capacité à percevoir et discriminer deux objets de formes différentes chez des enfants prématurés [23-24]. Ils ont proposé une procédure d'habituation/déshabituation (sans contrôle visuel) à de très grands prématurés et à des prématurés modérés, âgés de moins de 10 jours de vie. Les mêmes objets que précédemment sont présentés aux enfants soit dans la main gauche, soit dans la main droite (figure 2). Au fur et à mesure des présentations, tous les enfants tiennent de moins en moins longtemps l'objet, révélant la présence d'une habituation tactile pour les deux mains et pour les deux formes. Lorsque le nouvel objet est présenté, son temps de tenue augmente, ce qui n'est pas le cas pour le groupe contrôle qui continue à recevoir l'objet familier. Par conséquent, les enfants prématurés sont capables de faire la différence entre deux objets de formes différentes dès 28 SA, de la même manière que les nouveau-nés nés à terme. Dans cette même étude, on présente, lors d'une dernière phase, l'objet familier afin d'en évaluer sa reconnaissance après l'interférence créée par la présentation préalable du nouvel objet. Le temps de tenue de l'objet familier diminue après la présentation du nouvel objet, suggérant l'existence d'une forme de mémoire haptique à court terme fonctionnelle. Cependant, cette mémoire s'avère être fragile car influencée par l'expérience postnatale. En effet, des prématurés âgés de plus de 34 SA et ayant 1 mois de vie en moyenne ne sont plus capables de reconnaître l'objet après interférence (produite par la présentation préalable du nouvel objet), alors que des prématurés de

34 SA âgés de moins de 10 jours de vie le sont [25]. Il semble donc qu'à un même niveau de développement, l'expérience postnatale entrave cette forme de mémoire haptique.

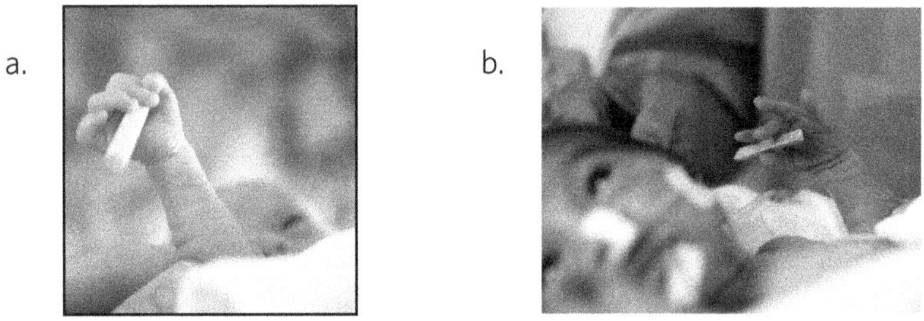

Figure 2. Enfants prématurés tenant un cylindre (a) et un prisme (b). Photographies de F. Berne-Audéoud.

Après avoir étudié ces compétences haptiques dites intramain (gauche ou droite), les chercheurs ont examiné une autre compétence haptique de plus haut niveau, le transfert intermains [26]. Il s'agit de la capacité à reconnaître qu'un objet déjà exploré par une main est le même que celui présenté dans l'autre main. Un transfert d'informations entre les deux hémisphères cérébraux est nécessaire pour effectuer cette reconnaissance. On a ainsi pu observer qu'après habituation à un objet dans une main, les enfants prématurés tiennent plus longtemps l'objet de forme nouvelle que l'objet familier dans la main opposée. Un transfert intermanuel de la forme des objets a ainsi été mis en évidence chez les enfants prématurés âgés de 33 et 35 SA, révélant l'existence d'une communication précoce fonctionnelle entre les deux hémisphères cérébraux.

En conclusion, les enfants prématurés sont capables, deux à trois mois avant terme, d'extraire des informations sur la forme des objets, de les encoder, de les comparer, de les maintenir en mémoire à court terme, aussi bien avec la main gauche qu'avec la droite, et de les transférer d'une main à l'autre. Ces compétences sont également présentes chez les nouveau-nés à terme, à l'exception de la reconnaissance haptique de l'objet familier après une interférence qui n'a pas encore été étudiée dans cette population.

Le cas particulier de la perception de la douleur

Développement des nocicepteurs

Le système somesthésique, substrat neurophysiologique du toucher, comprend de nombreux récepteurs sensoriels impliqués dans les sensations tactiles (cutanées) et thermiques non douloureuses, mais aussi dans les sensations douloureuses (nocicepteurs). En réponse à une procédure invasive, les fœtus présentent une réponse hormonale de stress. Ces résultats suggèrent que le fœtus humain posséderait l'équipement neurophysiologique pour ressentir la douleur dès 23 SA [27].

La perception de la douleur

Afin de mettre en place une meilleure prise en charge pharmacologique et non pharmacologique de la douleur chez l'enfant prématuré, de nombreuses études s'intéressent aux réponses à la fois comportementales et physiologiques de ces enfants face à des stimulations douloureuses [28-30]. La fréquence cardiaque, la saturation en oxygène, les changements d'expression faciale, les mouvements des membres sont fréquemment utilisés par les chercheurs comme des indicateurs de la réponse à la douleur. Par exemple, une étude réalisée chez des enfants prématurés âgés de 32 SA révèle que les procédures douloureuses induisent des réponses faciales et physiologiques plus importantes comparées à des procédures tactiles non douloureuses, telles que changer leur couche [31]. Cependant, il n'a pas été montré que ces mesures reflètent réellement la douleur ressentie, celle-ci nécessitant un traitement au niveau du cortex cérébral (*cf.* figure 4, p. 74).

C'est pourquoi les chercheurs utilisent les techniques d'imagerie cérébrale afin de mesurer les réponses corticales à des stimuli douloureux. Des études utilisant la méthode d'imagerie de spectroscopie proche infrarouge (NIRS, *near infrared spectroscopy*, encadré 2, p. 31), qui enregistre les changements de concentration en hémoglobine lors d'activations corticales, ont mis en évidence que l'amplitude de la réponse hémodynamique et les changements d'expressions faciales sont fortement corrélés, tandis que la corrélation est beaucoup plus faible avec les modifications physiologiques [32-33]. Des activations électrophysiologiques sont observées très précocement, dès 28 SA, chez les nouveau-nés prématurés suite à une stimulation, qu'elle soit douloureuse ou non [34]. La discrimination au niveau du traitement cérébral entre des stimulations tactiles et des stimulations douloureuses n'émergerait qu'entre 35 et 37 SA, avec l'apparition de profils électrophysiologiques distincts et localisés pour chacune des stimulations. Ces mêmes chercheurs ont d'ailleurs mis en évidence un potentiel évoqué (P560) spécifique à une stimulation douloureuse, chez des enfants prématurés nés vers 36 SA et testés à 1 semaine de vie [35]. Enfin, lors d'une douleur aiguë, une activation du cortex somato-sensoriel est observée chez les enfants prématurés nés entre 28 et 36 SA et testés à 2 jours de vie. Néanmoins, les prématurés de plus petits âges gestationnels et de plus grands âges postnataux montrent des réponses corticales qui augmentent progressivement suite à une piqûre [36]. En résumé, ces études révèlent que l'information douloureuse est transmise au niveau du cortex très précocement chez le nouveau-né prématuré et qu'elle a un impact sur le développement du système nerveux central.

Les nouveau-nés hospitalisés subissent en moyenne 10 à 14 procédures douloureuses par jour et en moyenne 53 procédures différentes lors de leurs 15 premiers jours de vie [37]. Une étude a évalué les effets de l'expérience postnatale en service de néonatologie sur les réponses de douleur chez des enfants prématurés testés entre 32 et 33 SA – la moitié venait de naître et l'autre avait 4 semaines de vie [38]. Les plus grands prématurés présentent une plus faible réponse comportementale, une plus faible saturation en oxygène et une fréquence cardiaque plus élevée après une prise de sang. Ainsi, les prématurés ayant passé plus de temps en néonatologie semblent « moins matures » dans leurs réponses à la douleur comparés aux prématurés venant de naître. Lorsque les réponses électrophysiologiques à la douleur entre des enfants prématurés nés vers 30 SA et des enfants nés à terme sont comparées à 40 SA, des résultats similaires sont retrouvés [39]. À un même niveau de développement, les enfants prématurés présentent une activité cérébrale qui diffère de celle des enfants nés à terme, avec une amplitude plus large du potentiel évoqué spécifique à la douleur (P560). Aucune différence n'est observée entre les deux populations pour une stimulation non douloureuse (toucher). En conclusion, l'expérience précoce associée à une naissance prématurée créerait donc une sensibilité plus importante à la douleur au moment où ces enfants atteignent leur terme.

L'olfaction

Développement des récepteurs sensoriels olfactifs

Le système olfactif est constitué de trois groupes de récepteurs situés dans les cavités nasales [40]. Le premier correspond au système olfactif principal qui est constitué de cellules ciliées sensibles à une large variété de stimulations olfactives localisées au sommet des fosses nasales. Ces récepteurs se forment entre 8 et 12 SA. Le système trigéminal, qui constitue le deuxième groupe de récepteurs, est composé des terminaisons nerveuses du nerf trijumeau situées sur l'ensemble de la paroi nasale qui sont à l'origine de sensations de fraîcheur, de piquant ou d'irritation. Elles se mettent en place entre 4 et 8 SA. Enfin, le système voméro-nasal, dont la fonction reste encore inconnue chez l'être humain, se développe entre 8 et 20 SA, puis régresse progressivement chez une grande majorité des enfants.

Les compétences olfactives

On sait depuis longtemps que des quatre saveurs fondamentales – sucré, salé, amer, acide –, les nouveau-nés nés à terme préfèrent le sucré. Ils rejettent l'amer et l'acide et ont des réactions ambiguës pour le salé (rappelons que le lait maternel est légèrement sucré). Pour connaître leurs préférences, les chercheurs observent le visage des bébés lorsqu'on leur présente des odeurs qui sont jugées plaisantes ou déplaisantes par les adultes. Il apparaît que les nouveau-nés à terme manifestent des réponses de dégoût face à l'odeur d'œuf pourri et manifestent des réponses d'acceptation et de satisfaction face à la banane ou à la vanille. De plus, les nouveau-nés sont capables de détourner la tête lorsqu'on leur présente un peu d'ammoniac dans un flacon. Les nouveau-nés nés à terme qui ont du mal à tourner la tête s'agitent alors de façon importante.

Lorsqu'on expose successivement des enfants prématurés âgés de 31 à 37 SA (4 jours de vie en moyenne) à de l'acide nonanoïque (odeur âcre) et de l'eucalyptol, ils manifestent une augmentation de leurs mouvements corporels et faciaux, alors qu'ils n'en manifestent pas lors de l'exposition à une odeur contrôle (huile minérale) [41]. Cependant, les réactions diffèrent selon l'odeur : pour l'eucalyptol, la réponse est quasi immédiate, tandis que pour l'acide nonanoïque, l'activation motrice atteint son maximum 5 à 10 secondes après son retrait. Ces deux odeurs ayant notamment deux intensités différentes, forte pour l'eucalyptol et plus faible pour l'acide nonanoïque, les enfants prématurés sont capables de faire la différence entre ces deux intensités.

Les enfants prématurés peuvent aussi détecter et discriminer d'autres types d'odeurs de même intensité, telles que la vanille et l'anis, de la même manière que les nouveau-nés à terme [42]. En effet, après avoir été habitués à une des deux odeurs, les enfants prématurés et nés à terme présentent un regain de leur réponse faciale lors de la présentation de la seconde odeur et ce, de manière similaire. Enfin, des résultats semblables ont pu être observés chez des enfants prématurés encore plus jeunes, entre la vanille et l'acide butyrique (odeur de beurre rance) [43]. En effet, chez des enfants prématurés âgés de 29 à 34 SA (10 jours de vie en moyenne), les deux odeurs entraînent une modification de la fréquence respiratoire, contrastant avec l'absence de réponse vis-à-vis de l'odeur contrôle (eau). De plus, la vanille provoque une accélération de la fréquence respiratoire, alors que l'acide butyrique induit une décélération de celle-ci.

Ce dernier résultat tend à considérer qu'au-delà de leurs compétences discriminatives concernant la qualité des odeurs, cela pourrait aussi être le reflet de leurs compétences à discriminer des odeurs selon une « valence émotionnelle ». En effet, l'acide butyrique est jugé par les adultes comme une odeur désagréable, au contraire de la vanille. Il est possible que la diminution de la fréquence respiratoire lors de la présentation de l'acide butyrique corresponde au fait que l'enfant prématuré retienne sa respiration en signe de refus. À l'inverse, l'augmentation de la réponse respiratoire pour la vanille serait le signe de recherche active d'une odeur agréable à l'enfant. Des données en neuro-imagerie utilisant la NIRS viennent appuyer cette hypothèse. Deux odeurs déplaisantes (détergent et désinfectant) présentes quotidiennement dans le milieu du prématuré sont présentées. Les résultats révèlent une diminution importante en hémoglobine dans l'aire orbito-frontale olfactive [44], alors qu'une odeur plaisante telle que la vanille provoque une augmentation en hémoglobine dans cette même aire cérébrale chez des nouveau-nés à terme [45]. L'ensemble de ces données suggère que l'enfant prématuré serait également capable de discriminer des odeurs plaisantes d'odeurs déplaisantes.

Dans cette perspective, certains chercheurs ont voulu savoir si le fait d'introduire une odeur agréable dans l'incubateur pourrait avoir des effets bénéfiques sur l'enfant prématuré. Ils ont placé un foulard odorisé à la vanille dans l'incubateur à proximité de la tête d'enfants prématurés âgés de 33 SA (1 semaine de vie en moyenne) pendant 17 heures environ [46]. Après un délai de 15 minutes sans vanille, les enfants sont de nouveau exposés au foulard vanillé lors d'une prise de sang. Ils manifestent alors moins de pleurs et de mimiques négatives pendant le prélèvement comparés à des enfants qui n'ont pas été préalablement exposés à la vanille. Par conséquent, l'enfant prématuré semble capable d'effectuer des apprentissages olfactifs et de mémoriser des odeurs présentes à l'intérieur de l'incubateur. La diffusion de l'odeur vanillée pendant 24 heures dans la couveuse a aussi des effets bénéfiques sur des enfants prématurés âgés de 26 à 30 SA (3 semaines de vie en moyenne) présentant des apnées respiratoires à répétition [47]. On constate une diminution des apnées de 36 % lors de l'exposition à la vanille, en comparaison à une période sans exposition systématique à une odeur particulière. En résumé, une odeur agréable permet de diminuer des comportements de stress liés à une intervention douloureuse et des manifestations physiologiques négatives liées à l'immaturité des enfants prématurés.

La gustation

Développement des récepteurs sensoriels gustatifs

La gustation fait référence à deux sous-systèmes. Le premier correspond à l'innervation des muqueuses orale et linguale par le nerf trijumeau et permet les sensations de température et de texture des aliments, ainsi que les sensations douloureuses. Ces terminaisons trigéminales seraient fonctionnelles entre 14 et 19 SA. Ces informations ne concernent pas les saveurs, mais participent à l'élaboration du goût. Le second sous-système est celui de la gustation à proprement parler. Les bourgeons gustatifs se mettent en place dès 7 SA et commencent à se spécialiser entre 13 et 15 SA. L'ouverture des pores gustatifs intervient autour de 16 à 20 SA, ce qui signifie qu'ils sont potentiellement fonctionnels.

Les compétences gustatives

Il est difficile d'étudier les compétences gustatives précoces des enfants prématurés car ils sont pour la plupart nourris par sonde gastrique avec du lait maternisé. Par conséquent, le lait va directement dans l'estomac, les privant ainsi d'expérience gustative. C'est pourquoi, à notre connaissance, une seule étude scientifique sur leur capacité de discrimination gustative est disponible [48]. Des enfants prématurés âgés de 35 SA (moins de 1 mois de vie) se voient proposer quotidiennement, avant leur alimentation par sonde, une tétine sur laquelle ont été déposées quelques gouttes d'une solution sucrée, ou quelques gouttes d'eau. Tout d'abord, la présentation initiale de la solution sucrée déclenche une augmentation de la succion non nutritive, ce qui n'est pas le cas pour la solution non sucrée. De plus, lors de l'exposition répétée de la saveur sucrée, leur réponse de succion augmente au fur et à mesure des jours, alors qu'elle n'est pas modifiée par l'exposition répétée d'eau. En résumé, l'enfant prématuré (sans expérience gustative extra-utérine) est capable, dès 35 SA, de discriminer les saveurs sucrées de celles qui ne le sont pas, en manifestant une préférence pour les premières.

Par ailleurs, la gustation et l'olfaction sont très souvent associées car les sensibilités chimiques qui donnent accès aux odeurs et aux saveurs le sont aussi. Par exemple, certaines molécules libérées par la nourriture peuvent être détectées aussi bien par l'odorat que par le goût, liant ainsi ces deux modalités. Concernant la prématurité, des liens sont établis entre la présentation d'odeurs agréables et la succion non nutritive. Ainsi, l'enfant prématuré âgé de 33 à 36 SA présente une amélioration de la succion non nutritive suite à l'exposition de l'odeur du lait maternel, alors que l'exposition à une solution aqueuse ne produit aucun changement [49-50].

En conclusion, bien que peu d'études existent sur les compétences gustatives précoces de l'enfant prématuré, des capacités de discrimination gustative sont mises en évidence. C'est la situation de prématurité qui prive l'enfant d'expériences gustatives dans ses premières semaines de vie. C'est pour ces raisons que le personnel médical des services de néonatologie intègre dès que possible l'allaitement, sinon le lait maternel, dans l'alimentation de l'enfant prématuré.

L'audition

Développement des récepteurs sensoriels auditifs

L'oreille commence à se former vers 3 SA jusqu'à atteindre sa taille définitive vers 20 SA [51]. La cochlée se forme à 10 SA. Les cellules ciliées externes et internes, qui constituent les cellules sensorielles de l'oreille interne, permettent de transformer l'énergie vibratoire des sons en signal électrique qui peut ensuite être traité par le système nerveux central. Ces cellules sont toutes formées à 14 SA. Le système sensoriel auditif serait fonctionnel dès 25 SA.

Les compétences auditives

Le fœtus commence à être sensible aux bruits à partir des sixième et septième mois de grossesse. Grâce à des enregistrements effectués *in utero* chez l'être humain et chez l'animal, on sait que l'environnement du fœtus n'est pas silencieux et que les bruits peuvent provenir de l'intérieur du corps de la mère (battements du cœur, respiration, etc.) et de l'extérieur (voix, musique, etc.). Ces derniers sont atténués et déformés par la paroi abdominale. En analysant le rythme cardiaque du fœtus, ces derniers réagissent à la voix de leur mère [52]. Ainsi, les fœtus augmentent, par exemple, leur rythme cardiaque lorsqu'ils entendent la voix de leur mère et diminuent ce rythme lorsqu'ils entendent la voix d'une personne étrangère [53].

La question de la reconnaissance de la voix de la mère chez les enfants prématurés fait l'objet de plusieurs études. Une d'entre elles a évalué cette compétence chez des enfants prématurés modérés ou nés à terme âgés de 36 SA à 42 SA. Tous les enfants sont testés à moins de 1 semaine de vie [54]. Les stimuli sont des enregistrements de la voix de la mère et de la voix d'une étrangère prononçant le mot *baby* et les potentiels évoqués auditifs[3] (PEA) sont enregistrés. La reconnaissance de la voix de la mère est observée seulement chez les enfants nés à terme : le potentiel P2 n'apparaît pas chez les prématurés. Cette différence vient-elle du fait que les enfants n'ont pas atteint un même niveau de développement ? Pour répondre à cette question, une tâche de discrimination de la voix de

3. Les potentiels évoqués auditifs (PEA) correspondent à des potentiels électriques cérébraux (électroencéphalographie, voir encadré 2, p. 31) induits par des stimulations auditives.

la mère/voix d'une étrangère est utilisée chez des enfants très grands prématurés (12 semaines de vie en moyenne) et nés à terme ayant tous le même âge postconceptionnel de 40 SA [55]. Ici encore, les résultats révèlent une absence de reconnaissance de la voix de la mère chez les enfants prématurés, au contraire des enfants nés à terme. Cette compétence semble donc être entravée par une naissance prématurée. Cependant, l'influence de l'âge gestationnel et de l'âge postnatal reste à déterminer. D'autres études sont menées sur les bienfaits de la voix de la mère sur le développement des enfants nés prématurément, et certaines d'entre elles présentent des effets bénéfiques à court terme, bien que ces effets soient rarement statistiquement significatifs [56].

Pour examiner plus généralement leurs capacités de discrimination auditive, les chercheurs font écouter deux sons de fréquences différentes (500 ou 750 Hz) à des enfants prématurés une fois par semaine dès l'âge de 32 SA jusqu'à leur sortie de l'hôpital [57]. Ils proposent dix fois le premier son, puis dix fois l'autre son, tout en mesurant la fréquence cardiaque des enfants. Les mesures cardiaques ne permettent pas de mettre en évidence une habituation auditive pour le premier son présenté. Cependant, une diminution de la fréquence cardiaque est constatée lorsque le second son est diffusé à partir de 34 SA. Les enfants prématurés possèdent déjà des compétences auditives de discrimination dès 34 SA. Une étude utilisant la NIRS a permis d'observer des compétences de discrimination auditive chez les enfants prématurés dès 29 SA [58]. En effet, la présentation du phonème /ga/ déclenche une réponse hémodynamique différente de la présentation du phonème /ba/ au niveau des mêmes aires cérébrales (frontales inférieures droite et gauche). De plus, des réponses hémodynamiques différentes sont aussi observées lorsqu'un même phonème est prononcé soit avec une voix masculine, soit avec une voix féminine, mais seulement au niveau des aires frontales inférieures droites. En résumé, les compétences de discrimination auditive sont présentes tôt dans le développement de l'enfant prématuré, avec des réseaux neuronaux déjà organisés selon le type d'informations auditives à traiter.

Lorsqu'ils sont comparés à des enfants nés à terme et âgés de 2-3 jours de vie, les enfants prématurés ayant atteint l'âge du terme présentent des compétences similaires et certaines différences. Ainsi, des enfants prématurés modérés ayant atteint le terme (1 mois de vie en moyenne) et des enfants nés à terme (3 jours de vie en moyenne) sont habitués à un son de hochet ou de sonnette [21]. Une diminution des réponses cardiaques et comportementales est obtenue lors de l'habituation chez les enfants à terme, alors que les enfants prématurés présentent seulement une diminution de la réponse comportementale. Cette étude atteste l'existence de différences de réponses consécutives à une stimulation auditive entre les enfants nés à terme et ceux nés prématurés à un même niveau de développement.

Une autre recherche propose une tâche de discrimination de consonnes, /bi/ et /gi/, à des enfants très grands prématurés (12 semaines de vie en moyenne) et nés à terme ayant tous le même âge postconceptionnel de 40 SA [55]. Lors de ces écoutes, les PEA sont différents selon la consonne proposée, révélant ainsi une discrimination des consonnes chez les deux groupes d'enfants. Cependant, la consonne la plus fréquemment diffusée aux enfants (88 % du temps) déclenche un potentiel plus positif que l'autre consonne chez les enfants prématurés, alors que c'est l'inverse qui est observé chez les enfants nés à terme.

Une autre étude utilisant la NIRS révèle également des différences d'activation cérébrale entre des enfants très grands prématurés (8 semaines de vie en moyenne) et nés à terme ayant tous atteint le terme de 40 SA [59]. En effet, suite à la lecture de plusieurs phrases, les enfants prématurés montrent une diminution de la réponse hémodynamique dans la région temporale droite et une augmentation de la connectivité interhémisphérique entre les régions temporales d'une part et temporo-pariétales d'autre part, en comparaison avec les nouveau-nés nés à terme. Ces résultats suggèrent que l'information auditive chez les enfants prématurés est sous-tendue par des mécanismes neuronaux différents de ceux des enfants nés à terme.

L'audition, avant-dernier sens à se développer, est particulièrement immature. La situation atypique de prématurité a clairement un impact sur son développement. Mais dans quelle mesure cette capacité à faire la différence entre des sons est-elle modulée par l'âge gestationnel ou l'âge postnatal ? Une étude mesurant les PEA chez des enfants nés entre 24 et 40 SA montre que l'âge postnatal, c'est-à-dire une plus longue expérience *ex utero*, va améliorer les compétences de discrimination de sons, notamment de consonnes [60]. Toutefois, cela est vrai seulement à partir d'un âge gestationnel de 30 SA, ceux nés avant ne bénéficiant pas de cette expérience *ex utero*. Une autre étude vient renforcer ces constatations : les PEA enregistrés à 35 SA en réponse à des sons de deux tonalités différentes sont de plus petites amplitudes chez les prématurés nés avant 30 SA que ceux nés après 30 SA [61]. Ainsi, l'âge gestationnel et l'âge postnatal vont tous les deux influencer les compétences de discrimination auditive.

La vision

Développement des récepteurs visuels

L'œil est visible à l'échographie autour de 12 SA [51]. Des mouvements oculaires lents sont observés à 16 SA et deviennent rapides à 23 SA. Cependant, au terme « normal » de la gestation, le système visuel n'est pas achevé et n'est donc que partiellement fonctionnel. Les photorécepteurs de la rétine (bâtonnets et cônes) sont différenciés, mais leur répartition spatiale n'est pas terminée. Les voies optiques sont achevées à 25 SA, mais la myélinisation progresse encore jusqu'à la fin de la deuxième année de l'enfant.

Les compétences visuelles

Les enfants prématurés réagissent à un flash lumineux en clignant des yeux dès 25 SA [62]. Lorsqu'ils sont exposés une fois par semaine à ce flash de manière répétée, une habituation est observée chez la majorité des enfants dès leur première semaine de vie, se manifestant par une importante diminution des clignements. Les enfants très grands prématurés (1 semaine de vie en moyenne) sont aussi capables de suivre visuellement une cible lumineuse, mais la perdent plus rapidement de vue et éprouvent plus de difficultés à la retrouver que les enfants nés à terme et âgés de 3 jours [63]. Dans la mesure où ces enfants prématurés n'ont pas atteint le même niveau de développement que ceux nés à terme, cette différence pourrait être la conséquence d'un moindre développement de la rotation de la tête, ainsi que du réflexe vestibulo-oculaire chez les enfants prématurés.

Afin de mieux comprendre le développement de cette compétence de poursuite visuelle, des enfants sont testés deux fois par semaine, du plus tôt après leur naissance jusqu'à leur sortie de l'hôpital [64]. Dès 31 SA, une majorité des enfants peut poursuivre visuellement une cible se déplaçant horizontalement ou verticalement, et leurs performances deviennent semblables à celles des enfants nés à terme vers 33-34 SA. De plus, quel que soit leur âge gestationnel, les enfants prématurés à un même âge postconceptionnel présentent des performances similaires, mettant ainsi en avant des compétences liées à la maturation du système de traitement visuel. En résumé, cela signifie qu'à un même niveau de développement, les enfants prématurés présentent des compétences de poursuite visuelle comparables et ce, indépendamment de la durée de leur expérience *ex utero*.

Peu de recherches se sont intéressées aux compétences d'habituation/déshabituation visuelle chez les enfants prématurés en période néonatale [65]. Dans deux d'entre elles, les enfants prématurés ayant atteint l'âge du terme (7 semaines de vie en moyenne) et des enfants nés à terme se voient présenter des damiers lors de l'habituation [66-67]. Les enfants prématurés ont besoin de plus de temps pour s'habituer que ceux nés à terme. À l'inverse des compétences de poursuite visuelle, la prématurité semble avoir créé un retard dans les performances d'habituation à un même niveau de développement. Des performances plus faibles d'habituation sont également observées chez des enfants prématurés âgés de 36 SA (1 semaine de vie environ) en comparaison à des enfants nés à terme lorsque différentes expressions de visage comme la joie, la tristesse et la surprise leur sont proposées en habituation [68]. Une fois ces enfants habitués, un visage différent de celui vu lors de l'habituation leur est présenté lors de la déshabituation. Bien que les deux groupes d'enfants soient capables de discriminer deux visages, les enfants prématurés ont des performances de discrimination plus faibles que les enfants nés à terme. Selon le type de compétences visuelles étudié, l'influence de l'âge gestationnel et de l'âge postnatal semble être différente.

Afin de mieux appréhender les compétences visuelles des enfants prématurés, une batterie de tests a été développée pour évaluer différents aspects de la vision : la motilité oculaire (spontanée et en présence d'une cible), la fixation de cible, la poursuite de cibles (se mouvant verticalement, horizontalement et en arc de cercle), la réaction aux contrastes de couleurs, la discrimination de rayures noires et blanches de largeurs variées, et l'attention à la distance (cible qui se déplace latéralement pour évaluer la distance latérale maximale que l'enfant peut atteindre). Ces tests ont d'abord été validés chez des enfants nés à terme dès 48 heures de vie [69]. Ils ont ensuite été utilisés chez des enfants très grands prématurés (nés à 28 SA) âgés de 35 SA et de 40 SA et leurs performances ont été comparées à celles des enfants nés à terme âgés de 2 jours [70]. Les trois groupes d'enfants ont des performances similaires concernant la fixation et la poursuite d'une cible se déplaçant horizontalement. Les enfants prématurés âgés de 35 SA et 40 SA sont plus matures[4] que

4. L'évaluation de la maturité des réponses correspond à la comparaison du pourcentage d'enfants réussissant une épreuve dans chaque groupe d'âge postconceptionnel.

ceux nés à terme au niveau de la motilité oculaire (spontanée et en présence d'une cible), pour fixer et suivre une cible se mouvant verticalement ou en arc. Enfin, les enfants prématurés âgés de 35 SA sont moins matures que les enfants prématurés et nés à terme âgés de 40 SA pour la poursuite de cibles colorées, l'attention à la distance et la discrimination de rayures.

En conclusion, les résultats suggèrent que l'aspect de maturation semble prévaloir sur l'aspect d'expérience *ex utero* en ce qui concerne les compétences d'habituation/déshabituation visuelle. En revanche, l'expérience *ex utero* accélère certains aspects précoces de la vision relatifs à la stabilité et à la poursuite oculaire qui seraient sous contrôle cérébral sous-cortical (structures cérébrales profondes), mais elle ne semble pas affecter d'autres aspects de la vision qui seraient davantage sous contrôle cérébral cortical (cortex cérébral, voir figure 4, p. 74).

Conclusion

L'ensemble de ces recherches révèle que les enfants prématurés possèdent des compétences sensorielles précoces. Cependant, les deux derniers sens à se développer, l'audition et la vision, semblent être particulièrement fragiles car influencés par l'expérience postnatale. De nombreuses études restent néanmoins à mener pour mieux comprendre l'impact de cette expérience atypique, liée à une hospitalisation plus ou moins longue dans un service de néonatologie où les stimulations sensorielles peuvent être inappropriées, compte tenu de la fragilité générale des nouveau-nés prématurés.

Le point de vue de Frédérique Berne-Audéoud et Leïla Marcus, pédiatres, néonatologues, chercheurs au service de médecine néonatale et réanimation pédiatrique du CHU de Grenoble

« En tant que pédiatres néonatologues, nous avons pu constater, au cours de notre pratique quotidienne, l'écart important entre le peu de connaissances scientifiques sur la sensorialité du bébé prématuré et les compétences observées quotidiennement *in vivo*, mais non encore démontrées.

Il s'agit d'un véritable défi pour le chercheur en psychologie ou le néonatologue. Alors qu'il a été clairement démontré que le nouveau-né à terme présente de multiples capacités sensorielles élaborées, qu'en est-il des bébés plus immatures ? Comment sont-ils capables d'explorer leur environnement ? À quels termes émergent les différents sens ? Quelle est l'influence de l'expérience postnatale ? De quelles aides ont-ils besoin pour progresser et continuer de grandir *ex utero* ?

Notre pratique est encore trop souvent basée sur des recommandations de toutes sortes (massages, musique, protection de la lumière, etc.) qui ne sont que trop peu étayées par des faits scientifiquement prouvés.

Mais la recherche, chez ces tout petits bébés, demande patience, précision et délicatesse du regard. Car prendre en charge un grand prématuré, pendant les premiers jours voire les premières semaines de sa vie, c'est souvent l'aider à respirer avec des machines, le nourrir artificiellement à l'aide d'une perfusion ou d'une sonde, lui administrer des antibiotiques, le surveiller avec des scopes, des radiographies et des prises de sang.

Pendant ces premiers jours ou ces premières semaines, l'enfant lui aussi est concentré sur sa survie. Il mobilise toute son énergie et toutes ses capacités pour respirer, récupérer des forces et rester en vie. Il communique sa douleur par des signes végétatifs comme la couleur de sa peau, l'accélération de son cœur, la baisse de son taux d'oxygénation. Un rien le déstabilise, de la lumière trop forte, du bruit, une stimulation tactile répétée même non douloureuse. Quand ses fonctions vitales commencent à se stabiliser, quand son corps s'apaise enfin, quand son environnement ne l'agresse plus, il se rend alors disponible pour s'ouvrir au monde extérieur, pour découvrir et communiquer.

C'est à ce moment-là que nous pouvons chercher, explorer ses compétences sensorielles. Il faut alors prendre le chemin de l'émergence des sens. Plus le bébé va être immature, plus la communication va passer par les sens les plus matures comme le toucher, l'olfaction et le goût. En se rapprochant du terme, on pourra explorer les sens d'apparition plus tardive, comme l'audition et la vision.

Il faut aussi progresser de la simplicité (stimulation simple, courte, unimodale) vers la complexité (stimulation longue, complexe, multimodale).

Ce que l'on observe, mais qu'il nous reste à démontrer, c'est que si le bébé prématuré même très immature a de grandes compétences, il a aussi des fragilités. Tous ses sens sont stimulés de manière plus ou moins adaptée et il va donc réagir en conséquence. Il perçoit le toucher, réagit aux caresses, attrape le doigt de ses parents, son doudou, pose ses mains sur son visage pour tenter de s'apaiser. Mais une stimulation trop forte, prolongée, ou non adaptée (lorsqu'il dort par exemple) peut le déstabiliser. Il sent l'odeur de ses parents lorsqu'il est en peau-à-peau, se dirige spontanément vers le sein de sa mère et goûte le lait qui a la même signature olfactive que le liquide amniotique, mais il peut aussi faire une pause respiratoire si une odeur désagréable et forte se trouve dans son environnement. Il entend, tourne la tête lorsqu'il entend la voix de ses parents, mais il peut aussi se réveiller brutalement ou baisser son taux d'oxygénation lorsqu'il entend un son désagréable. Il commence à voir, suit du regard un stimulus contrasté, reconnaît un visage, mais il cligne des yeux lorsque la luminosité est trop forte.

L'enjeu est de taille, puisque comme le dit si bien le grand penseur Aristote, "rien dans notre intelligence qui ne soit passé par nos sens", nous espérons qu'en comprenant et respectant mieux la sensorialité du bébé prématuré, c'est l'émergence de son intelligence que nous favorisons. »

CHAPITRE 3

Quels sont les caractéristiques et les effets de l'environnement des enfants prématurés ?

Malgré des compétences sensorielles précoces (voir chapitre 2), un nouveau-né prématuré se caractérise également par une immaturité physiologique, notamment pulmonaire, digestive et neurologique. De ce fait, il a besoin d'aides respiratoire (lunettes à oxygène ou CPAP[1]), circulatoire (cathéters), nutritionnelle (sonde de nutrition entérale) et thermique (incubateur). C'est pourquoi il doit être hospitalisé dès sa naissance, vingt-quatre heures sur vingt-quatre, afin de recevoir les soins médicaux nécessaires à sa survie. La transition entre le milieu utérin protégé et les services de soins intensifs est donc brutale. En effet, il va devoir se développer dans un

1. Couramment appelé CPAP (*continuous positive airway pressure*) dans les services de néonatologie, la pression positive continue nasale est largement utilisée comme une alternative à l'intubation et à la ventilation pour fournir une assistance respiratoire aux nouveau-nés prématurés récemment extubés, à ceux atteints d'apnées du prématuré significatives et à ceux présentant une détresse respiratoire peu après la naissance.

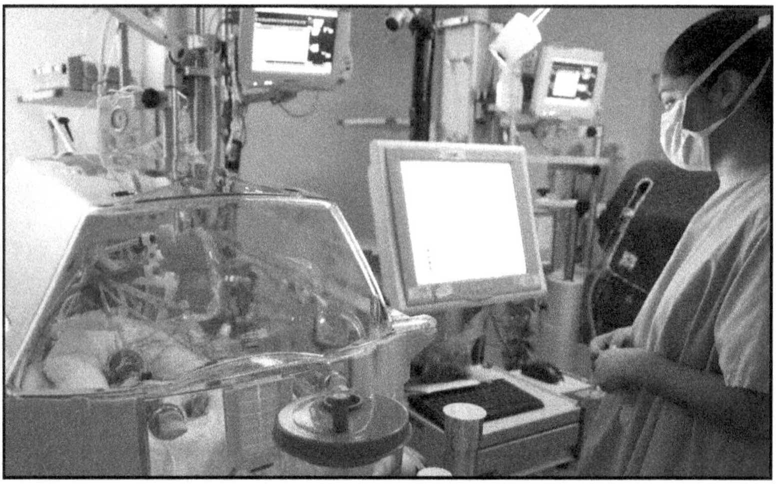

Figure 3. Chambre d'un enfant prématuré au sein d'un service de néonatologie lors d'un enregistrement électroencéphalographique. Photographie de Frédérique Berne-Audéoud [71].

environnement singulier, le service de néonatologie, qui peut parfois être très lumineux et très bruyant, et où l'enfant est très souvent sollicité tactilement, notamment pour ses soins (figure 3). Ces stimulations sensorielles peuvent alors devenir une source de stress importante pour l'enfant. Le rythme cardiaque, la fréquence respiratoire, la saturation en oxygène[2], les expressions faciales et la concentration en cortisol (hormone du stress) sont autant de mesures possibles pour étudier les réponses des nouveau-nés au stress. Dans ce chapitre, nous allons décrire l'environnement de néonatologie et voir en quoi

2. La saturation en oxygène de l'hémoglobine au niveau des capillaires sanguins est une méthode de mesure non invasive qui repose sur l'émission de deux lumières (rouge et infrarouge) et sur la mesure de leur absorption par le flux pulsatile du sang : l'analyse est effectuée suivant la valeur d'absorption de l'oxyhémoglobine et de la désoxyhémoglobine.

il peut avoir, dans certaines conditions, un impact négatif sur le développement psychologique de l'enfant prématuré.

Le bruit

Le service de néonatologie peut être un endroit bruyant. Les sources de stimulations sonores sont nombreuses et variées. Il y a les bruits produits par les soignants, par l'entourage familial, ainsi que ceux produits par divers appareils sonnant très régulièrement : le scope[3], la saturation[4], la perfusion ou la seringue du système de nutrition entérale[5]. De plus, le bruit mesuré à l'intérieur des incubateurs est également important, car il correspond à l'accumulation du bruit extérieur, de la ventilation, des équipements médicaux et du bruit produit par l'enfant, ainsi que par la structure des parois de l'incubateur en plexiglas qui crée de la réverbération. Alors que l'AAP (American Academy of Pediatrics) recommande un niveau sonore ne devant pas dépasser 45 dB[6] dans ces services, de nombreuses études récentes montrent que cela n'est pas encore le cas [72-76]. Par exemple, une étude menée à l'hôpital de Houston aux États-Unis en 2005 a permis de récolter un grand

---

3. Le scope permet de surveiller la fréquence cardiaque et respiratoire du nouveau-né grâce aux électrodes placées sur son torse.
4. La saturation permet de surveiller la saturation en oxygène grâce à un capteur diffusant une lumière rouge et placé au pied, à la main ou au poignet du nouveau-né.
5. La seringue du système de nutrition entérale correspond à une sonde partant de la bouche ou du nez, et allant dans l'estomac. Elle permet l'alimentation de l'enfant qui n'arrive pas à s'alimenter de façon autonome.
6. Désert : 0 à 10 dB ; conversation à voix basse, chuchotements : 20 à 30 dB ; bibliothèque : 40 à 50 dB ; conversation courante : 60 à 70 dB ; klaxon de voiture : 80 à 90 dB ; discothèque : 100 à 110 dB ; sirène d'un véhicule de pompier : 120 à 130 dB.

nombre de mesures des niveaux sonores en néonatologie. Les résultats révèlent que le seuil de 45 dB était dépassé plus de 70 % du temps [72]. Néanmoins, l'architecture des services de néonatologie varie en fonction de leur ancienneté. Dans les services les plus récents, d'importants progrès ont été faits concernant l'environnement de l'enfant prématuré, en privilégiant notamment la construction de chambres individuelles ou doubles à la place d'espaces ouverts. Dans ce cadre, la tranquillité de l'enfant est préservée et l'établissement du lien parent-enfant favorisé. Des études ont confirmé que les niveaux sonores mesurés dans les espaces clos (indépendants du lieu de travail de l'équipe soignante) sont moins importants que ceux des espaces ouverts [72 ; 77].

Quelles sont les conséquences de ces surstimulations sonores sur les enfants prématurés ? L'apparition de pics sonores importants provoque des réponses physiologiques similaires à celles liées au stress chez ces enfants, telles que l'augmentation de la fréquence cardiaque, l'augmentation ou la diminution de la fréquence respiratoire (selon les études), et la diminution de la saturation en oxygène [73-74 ; 78-79]. Ces modifications physiologiques augmentent la probabilité d'apparition d'épisodes d'apnées ou de bradycardies. De plus, les niveaux sonores élevés sont aussi associés à des perturbations du sommeil. Prenons l'exemple d'une étude récente menée au sein du service de néonatologie du CHU de Strasbourg [73]. Les chercheurs ont mesuré le niveau sonore à l'intérieur de l'incubateur chez des enfants prématurés âgés de 28 à 34 SA (17 jours de vie en moyenne) et ils les ont filmés pendant 10 heures. Les pics sonores avec une augmentation de 5 à 10 dB (relative au bruit de fond) provoquent un réveil des enfants dans 33,8 % des cas, et ceux avec une augmentation de 10 à 15 dB provoquent un réveil des enfants dans 39,7 % des cas. En comparaison, les enfants se réveillent spontanément (sans modification sonore) dans seulement 11,7 % des cas. Cette étude met bien en évidence que les bruits de l'environnement de néonatologie, même modérés, vont perturber le sommeil de ces enfants, pourtant essentiel à leur bon développement [80].

Au vu des connaissances actuelles, il est clair que le bruit doit être minimisé dans ces services en formant le personnel à être le plus discret possible, en contrôlant les niveaux sonores des alarmes et en privilégiant la construction de chambres plutôt que d'espaces ouverts [79 ; 81]. De récentes recherches commencent à s'intéresser aux moyens à mettre en œuvre pour diminuer spécifiquement ces nuisances sonores. Bien que des effets bénéfiques soient observés sur les constantes physiologiques des enfants, les niveaux sonores restent élevés [76 ; 78]. Ces résultats suggèrent que les stratégies à mettre en place pour réduire significativement le bruit en service de néonatologie doivent être précisées, et l'implémentation de nouvelles technologies (par exemple, dispositif visuo-tactile placé dans la blouse de l'infirmière permettant de l'alerter d'une difficulté respiratoire sans qu'aucune alarme ne sonne dans la chambre de l'enfant) pourrait s'avérer pertinente [82].

La lumière

Le service de néonatologie peut être un endroit très lumineux. La lumière est d'origine naturelle – la lumière du jour – et/ou d'origine artificielle – lampes et plafonniers. La luminosité peut varier en fonction de l'emplacement du lit de l'enfant, du type de lit (incubateur ou berceau), des conditions météorologiques, de l'agencement du service ou encore de la sévérité de l'état de santé de l'enfant. L'AAP recommande que l'éclairement lumineux ne dépasse pas 646 lux[7] dans les services de néonatologie. Pour savoir si ce seuil est respecté, prenons l'exemple d'une étude également menée à l'hôpital de Houston entre 2005 et 2007 par les mêmes chercheurs qui ont réalisé les mesures mentionnées dans la partie sur le bruit [75]. Celle-ci a permis de mesurer les niveaux lumineux en néonatologie depuis la naissance de 22 enfants prématurés jusqu'à leur sortie de l'hôpital et ce, pendant 20 heures consécutives par semaine. Leurs résultats révèlent un éclairement lumineux moyen de 70,56 lux, soit largement en dessous du seuil fixé par l'AAP. Les auteurs notent que ce seuil n'a été dépassé que durant 0,63 % du temps total. Par conséquent, les problématiques principales relatives à la lumière en néonatologie s'intéressent plutôt à la transition brusque de l'obscurité à la lumière, ainsi qu'à la mise en place du cycle jour/nuit, appelé rythme circadien.

Étant donné que la transition de l'obscurité à la lumière peut être brutale et donc stressante pour les enfants prématurés, une étude s'est intéressée à l'effet de différents types d'éclairage sur la fréquence respiratoire et la saturation en oxygène chez des enfants prématurés nés entre 29 et 31 SA (26 jours de vie en moyenne) [83]. Leurs données suggèrent d'augmenter progressivement le niveau lumineux des éclairages afin de permettre aux enfants de s'adapter doucement à l'intensité lumineuse et de prévenir ainsi une diminution de la saturation en oxygène.

7. Rue de nuit bien éclairée : 20-70 lux ; appartement avec lumière artificielle : 100-200 lux ; bureau ou atelier : 200-300 lux ; grand magasin : 500-700 lux ; stade de nuit : 1 500 lux.

L'autre problématique liée à la lumière en néonatologie concerne l'application d'un cycle circadien jour/nuit, connu pour être indispensable à l'établissement du rythme de tous les processus hormonaux et physiologiques du corps humain, ainsi qu'à l'organisation des temps de sommeil. Une méta-analyse[8] publiée en 2013 a recensé les études traitant cette question [84]. Les auteurs distinguent et comparent les pratiques habituelles en néonatologie qui consistent à garder une lumière ou une obscurité constante dans les services, à la mise en place d'un rythme circadien qui comprend 12 heures d'obscurité (environ 20 lux) suivies de 12 heures de lumière (environ 200 lux). Les résultats mettent en évidence des bienfaits du rythme jour/nuit en comparaison à une lumière constante, notamment concernant la croissance et le sommeil des enfants prématurés. Une étude encore plus récente vient conforter ces conclusions, en montrant que les enfants prématurés soumis à une alternance jour/nuit prennent plus de poids et sortent plus tôt de l'hôpital [85]. La conclusion est moins nette lorsqu'ils comparent le rythme jour/nuit à l'obscurité constante, cette dernière pouvant être assimilée aux conditions lumineuses *in utero*. Une meilleure organisation du sommeil et une réduction du temps d'hospitalisation sont constatées dans la condition jour/nuit. Plus globalement, une tendance positive est observée au bénéfice de ce groupe pour d'autres mesures, telles que le temps passé sous assistance respiratoire ou le début d'une alimentation normale par voie orale. Des chercheurs ont même observé des effets

8. Une méta-analyse est une démarche statistique combinant les résultats d'une série d'études indépendantes sur un problème donné. La méta-analyse permet une analyse plus précise des données par l'augmentation du nombre de cas étudiés et de tirer, plus sûrement, une conclusion générale.

positifs à 5 et 11 mois d'âge corrigé[9] : les enfants prématurés ayant été soumis à cette alternance en néonatologie présentent moins de pleurs et d'agitation [86]. Cependant, les auteurs de la méta-analyse invitent à la prudence et proposent de mener d'autres études pour confirmer ces conclusions avant de recommander la mise en place d'un rythme jour/nuit dans les services de néonatologie.

De la même manière que pour le bruit, dans les services de conception récente, la construction d'espaces clos est recommandée car elle va favoriser la tranquillité de l'enfant et permettre au personnel soignant d'éteindre la lumière après les soins en évitant ainsi une exposition constante à la lumière. Pour les espaces ouverts, à défaut de pouvoir éteindre la lumière, le personnel peut mettre une couverture sur la couveuse. Il est aussi recommandé de diminuer l'intensité lumineuse et préférer la lumière indirecte lorsque cela est possible [87].

Les soins quotidiens

La journée du nouveau-né prématuré est organisée autour des soins liés à l'hospitalisation et nécessaires à sa survie et son bien-être. À son arrivée, il est piqué, perfusé, on lui pose un cathéter et une sonde de nutrition entérale. Des électrodes sont placées sur son thorax et reliées au scope afin de contrôler ses fréquences cardiaque et respiratoire. Durant la journée, les infirmières puéricultrices effectuent de nombreux soins : changes, toilettes, alimentation, changements de position, etc.

9. L'âge corrigé réfère à l'âge que l'enfant aurait s'il était né à terme ou à la date prévue d'accouchement.

De plus, les médecins effectuent eux aussi des examens quotidiens pour s'assurer de l'état de santé de l'enfant. Enfin, des examens ponctuels comme les EEG (*cf.* encadré 2, p.31) ou les échographies transfontanellaires[10] sont également effectués. Dans les services de néonatologie, l'enfant prématuré est donc très fréquemment sollicité physiquement et tactilement lors de ses premières semaines de vie.

Les sollicitations tactiles dans le contexte des soins sont le plus souvent étudiées comme une situation non douloureuse en opposition à un événement douloureux (par exemple, une prise de sang). L'exemple utilisé dans la plupart des recherches est le changement de couches. En effet, les professionnels du corps médical (infirmiers et médecins) classifient cette procédure, sur la base de questionnaires, comme étant non douloureuse [37]. Une récente étude s'est spécifiquement intéressée à cette procédure en observant si le changement de couches pouvait déclencher une réaction de douleur [88]. Les auteurs ont inclus des enfants prématurés nés entre 28 et 32 SA. Ils ont mesuré la fréquence cardiaque, la saturation en oxygène et les scores sur trois échelles validées d'évaluation de la douleur avant, pendant et après le change et ce, à cinq moments différents (72 heures, 7, 14, 21 et 28 jours de vie). Les résultats révèlent seulement une augmentation de la fréquence cardiaque pendant le changement de couches et cette variation s'amplifie progressivement en fonction de l'âge postnatal des enfants. Cependant, cette variation ne semble pas dépendre du nombre de procédures douloureuses préalablement vécues

10. L'échographie transfontanellaire permet de réaliser le premier bilan cérébral du nouveau-né tant que la fontanelle, qui correspond aux espaces membraneux séparant les différents os du crâne chez le bébé, est perméable.

lors de leurs premiers 28 jours de vie. Les auteurs concluent à une absence de réaction de douleur suite à une procédure de soins quotidiens.

Toutefois, même si les soins quotidiens ne sont pas assimilés à des procédures dites « douloureuses », des études montrent clairement des réactions spécifiques de stress lors de soins quotidiens. Par exemple, des enfants prématurés nés avant 32 SA (environ 19 jours de vie) présentent une plus grande fréquence et une variété plus importante de mouvements corporels après un soin regroupant plusieurs procédures (change, prise de température sous l'aisselle, mesure de la taille abdominale et nettoyage de la bouche), en comparaison à une procédure douloureuse (prise de sang) [31]. De plus, cette augmentation des mouvements corporels persiste longtemps après les soins. Les auteurs s'interrogent sur l'intérêt de regrouper les soins, ce qui laisse certes plus de temps de repos aux enfants, mais qui crée également des signes de stress important au niveau moteur.

On peut également s'interroger sur l'effet cumulatif et donc néfaste des stimulations douloureuses et non douloureuses. En effet, des chercheurs ont observé l'influence réciproque des stimulations tactiles non douloureuses et douloureuses. D'une part, des enfants prématurés nés avant 30 SA ont plus de difficultés à retrouver un état stable après une prise de sang lorsque celle-ci est précédée de soins regroupés 30 minutes avant [89]. D'autre part, les enfants nés avant 28 SA et ayant subi de plus nombreuses procédures douloureuses présentent un taux de cortisol réduit lors de procédures de routine de soins non douloureux à 32 SA, révélant une dérégulation physiologique relative au stress [90]. Finalement, une diminution de la réponse de stress lors d'un change peut être observée grâce à certaines pratiques, telles que le positionnement ou le peau-à-peau [91-92]. Nous reviendrons plus en détail sur ces pratiques qui relèvent des soins de développement dans le chapitre 5. Toutes ces études tendent néanmoins à prouver la dimension stressante des soins quotidiens prodigués aux enfants prématurés en service de néonatologie.

L'impact du « stress environnemental »

Des recherches ont également été conduites sur l'impact de l'environnement de néonatologie de manière plus globale, en regroupant sous le terme de *environmental stressors* (« stresseurs environnementaux ») la lumière, le bruit et les soins. Ainsi, plus le nombre d'événements stressants est important, plus les réactions physiologiques et les comportements moteurs de stress sont nombreux [93]. Certains chercheurs proposent que le stress engendré induit des modifications importantes au niveau de l'axe du stress[11] [94-95]. Ces modifications auraient alors des conséquences neurodéveloppementales importantes chez les enfants prématurés. En effet, une étude a révélé qu'une exposition plus importante à des événements stressants en néonatologie est associée à des modifications cérébrales à 40 SA : diminution de la taille au niveau des régions frontale et pariétale, altération de la microstructure de la substance blanche et de la connectivité fonctionnelle entre les lobes

11. L'axe du stress, également appelé axe hypothalamo-pituitaire-surrénalien, correspond à la réaction en chaîne de différentes structures biologiques quand une situation est perçue comme stressante.

temporaux [96]. À l'inverse, le fait d'isoler ces enfants dans des chambres individuelles (avec un peu de visite) peut également avoir des conséquences négatives : diminution de l'asymétrie hémisphérique normale (IRM) et score de maturation cérébrale (EEG) plus faible à 40 SA, scores de langage plus bas à l'âge de 2 ans [97]. Les auteurs supposent que dans un contexte où les parents auraient rendu visite très fréquemment à leurs enfants (ce qui n'est pas le cas dans leur étude), les résultats seraient très certainement plus positifs. En conclusion, l'ensemble de ces résultats montrent clairement la nécessité de mener d'autres études afin d'identifier le bon équilibre de stimulations sensorielles à proposer en néonatologie afin d'améliorer le devenir de ces enfants fragiles nés prématurément.

Conclusion

L'environnement d'un service de néonatologie engendre de nombreuses stimulations sonores, visuelles et tactiles répétitives et stéréotypées. Il semble que l'environnement olfactif soit également à l'origine de nombreuses stimulations déplaisantes, voire irritantes [98]. Suite à ces diverses stimulations, les enfants prématurés vont manifester des réactions de stress. De manière générale, ces stimulations sensorielles environnementales induisent un effet global significatif sur le développement neurocognitif des enfants prématurés.

Le point de vue de Pierre Kuhn, pédiatre au CHU de Strasbourg et coordinateur, avec Charlotte Casper, professeur de pédiatrie au CHU de Toulouse, du GREEN (Groupe de réflexion et d'évaluation de l'environnement des nouveau-nés de la Société française de néonatologie)

« Les nouveau-nés prématurés sont confrontés en néonatologie à un environnement atypique et technique, différant par bien des aspects de l'environnement utérin dont ils ont été extraits précocement. Leurs systèmes sensoriels, bien qu'immatures, leur permettent de détecter et de discriminer nombre des stimulations issues de leur nouvelle "niche écologique" hospitalière, et d'y réagir de façon plus ou moins adaptée. Dans cet environnement "nosocomial", ils sont privés, à des degrés variables dépendant des stratégies de soins de développement mises en place (peau-à-peau, accueil et participation des parents aux soins), de nombreuses stimulations biologiquement signifiantes provenant de leur mère (odeurs, bruits physiologiques digestifs et cardiorespiratoires de fréquences basses, voix), souvent congruentes et multimodales. En revanche, ils y sont exposés à de multiples stimuli accompagnant les soins qui leur sont prodigués (bruits artificiels, lumière, stimulations tactiles, voire nociceptives, odeurs souvent irritantes libérées par les produits d'hygiène et de soins). Ceux-ci sont intenses et leur survenue est souvent chaotique et imprédictible. Ils sont souvent source de stress, d'inconfort ou de douleur, et de rupture des états de veille/sommeil. Les conséquences sur le développement neurocognitif à long terme de ce milieu potentiellement dysstimulant sont mieux connues et documentées. On sait aujourd'hui que cette exposition atypique, répétée et intense peut modifier l'architecture et la fonctionnalité du cerveau de ces enfants vulnérables.

Un des enjeux essentiels de la prise en soins de ces enfants est donc d'ajuster au mieux leur environnement en milieu hospitalier à leurs capacités et à leurs attentes sensorielles. Le but n'est pas de mimer forcément l'environnement utérin pour ces enfants qui ne sont plus des fœtus depuis leur naissance et évoluent dans un milieu différent. Une meilleure connaissance de leur réactivité, de ses déterminants et de la variabilité individuelle de leurs réponses est nécessaire. Des travaux de recherche viendront encore éclairer certains aspects méconnus. L'implantation de programmes formalisés de soins de développement et l'utilisation d'interventions précoces validées scientifiquement sont les meilleurs moyens pour minorer les effets délétères possibles de l'environnement hospitalier et favoriser l'accès de l'enfant aux signaux sensoriels d'origine maternelle (paternelle et familiale). Chaque équipe de soins doit réfléchir pour choisir la voie qui est la plus adaptée à son histoire et ses ressources propres. Ces choix d'engagement pour une bientraitance hospitalière et une meilleure qualité des soins peuvent être utilement complétés par des réflexions ou des actions menées à l'échelle d'un hôpital, d'un réseau régional de soins, et des sociétés savantes au niveau national ou international. Des réflexions sont menées au sein du groupe multiprofessionnel et interdisciplinaire du GREEN de la Société française de néonatologie comprenant aussi des associations de parents. Elles visent à établir des recommandations francophones portant sur les environnements humain et physique, et le micro-environnement du bébé et de sa famille à l'hôpital. Elles se veulent un support pour les équipes en promouvant de bonnes pratiques cliniques basées sur l'évidence scientifique quand cela est possible et/ou le vécu des parents ou l'avis d'experts. Elles visent aussi à fournir un appui par des textes "normatifs" pour les équipes rénovant leur service ou celles engagées dans la construction d'un nouvel hôpital. Elles seront utiles, tout comme la diffusion de l'ensemble des connaissances répertoriées dans cet ouvrage, à l'adaptation de l'environnement hospitalier aux exigences développementales des plus petits de nos patients et à une plus grande humanisation des soins qui leur sont prodigués. »

CHAPITRE 4

Quelles sont les spécificités du développement neurocognitif, émotionnel, social et affectif des enfants prématurés ?

Une grande partie des recherches actuelles s'intéresse à l'impact de la prématurité sur le développement psychologique des enfants. De nombreux résultats révèlent une prévalence plus importante de déficits neurodéveloppementaux chez les enfants prématurés en comparaison des enfants nés à terme. Nous avons choisi d'aborder dans ce chapitre les aspects du développement les plus fréquemment étudiés par les chercheurs, ainsi que leurs corrélats neuronaux (figure 4) : le développement neurocognitif, le développement émotionnel et social, et enfin le développement affectif. Les résultats issus principalement des études récentes et en particulier ceux issus des méta-analyses sont présentés par la suite [99].

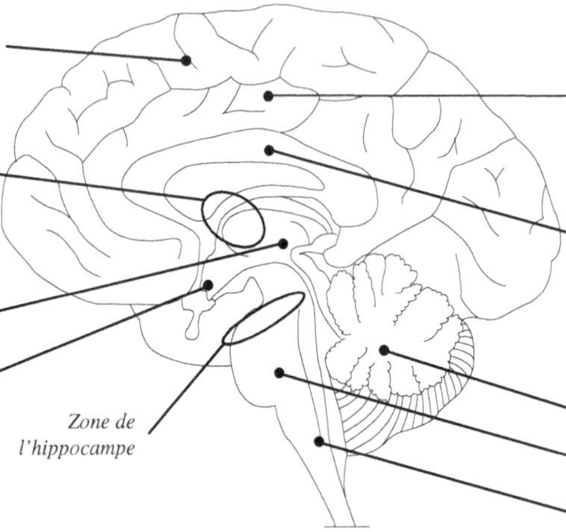

Figure 4. Représentation schématique d'un cerveau (coupe sagittale) où apparaissent les structures cérébrales (corticales et sous-corticales) et les zones de certaines structures non visibles sur la présente figure à cause du choix de la coupe (en italique), toutes mentionnées dans les études décrites dans l'ensemble du livre.

Impact de la prématurité sur le développement neurocognitif

Les compétences intellectuelles générales

Le développement des compétences intellectuelles générales de l'enfant est souvent apprécié par des tests psychométriques appelés « tests d'intelligence », mesurant le quotient intellectuel (QI). Le QI est un indice de développement qui évalue le retard ou l'avance d'un enfant. Il est défini par le rapport entre l'âge mental (c'est-à-dire les performances d'un enfant par rapport à un groupe de référence) et l'âge réel multiplié par 100. Ainsi, un enfant de 10 ans ayant 9 ans d'âge mental a un QI de 90. Le QI standard indique simplement le rang d'un enfant dans un groupe de référence. Par définition, sa moyenne est de 100 et son écart-type[1] de +/– 15. Ainsi, 68 % de la population d'une classe d'âge obtient un score compris entre 85 et 115 (+/– 1 écart-type) et 95 % obtient un score entre 70 et 130 (+/– 2 écarts-types).

Une méta-analyse publiée en 2002 a recensé quinze études comparant les QI d'enfants prématurés et nés à terme. Elle a mis en évidence que les enfants prématurés présentent un score moyen de QI plus bas (11 points de moins en moyenne), mais restant à moins d'un écart-type [100]. Dans une seconde méta-analyse publiée en 2012, ces données ont été actualisées en y ajoutant douze nouvelles études [101]. Celle-ci inclut des enfants nés entre 1975 et 2009, et âgés de 5 à 16 ans. De manière similaire à la première méta-analyse, les auteurs observent un score moyen de QI plus faible chez les enfants prématurés (12 points de moins en moyenne). De surcroît, l'âge gestationnel et le poids de naissance sont fortement associés aux scores de QI : plus l'enfant est né tôt et a un faible poids de naissance, moins son score de QI sera élevé.

Par ailleurs, des études ont été réalisées afin d'étudier l'impact de la prématurité sur le volume cérébral (mesuré grâce à l'IRM) et ses liens (mesurés grâce à des corrélations) avec les scores aux tests de QI. Une méta-analyse publiée en 2012 a répertorié quinze études s'intéressant à cette question, incluant des enfants nés entre 1979 et 1995, et âgés de 8 à 18 ans [102]. Globalement, les enfants nés prématurément ont un plus petit

1. L'écart-type sert à mesurer la dispersion, ou l'étalement, d'un ensemble de valeurs autour de leur moyenne. Plus l'écart-type est faible, plus la population est homogène.

volume cérébral total, et plus spécifiquement des plus petits volumes de la substance blanche, de la substance grise[2], du cervelet, de l'hippocampe, ainsi que du corps calleux. De plus, la différence observée entre les enfants nés à terme et ceux nés prématurément ne semble pas s'atténuer au cours du développement. Finalement, ces réductions de volumes sont associées à des scores de QI plus faibles. Cependant, ces associations significatives mesurées par des corrélations positives témoignent seulement d'un lien entre un facteur anatomique et un facteur intellectuel, sans que l'on puisse établir un lien de cause à effet entre ces deux facteurs.

Au vu de ces différentes méta-analyses, il est clair que les enfants nés prématurément présentent plus de difficultés intellectuelles générales en comparaison des enfants nés à terme, et que celles-ci sont associées à des différences de développement cérébral. Cependant, les tests de QI sont certes des outils utiles dans l'évaluation des compétences intellectuelles générales, mais ils sont moins bien adaptés à l'identification de déficits cognitifs plus spécifiques, tels que les problèmes attentionnels, des fonctions exécutives, des systèmes de mémoire ou encore les difficultés langagières.

2. Dans le système nerveux central, la substance grise correspond aux corps cellulaires des neurones et à leurs dendrites : centre de la moelle épinière et cortex. La substance blanche correspond à la gaine de myéline qui entoure les axones de ces mêmes neurones pour accélérer la conduction de l'information nerveuse. Ces axones myélinisés s'assemblent en faisceaux pour établir des connexions entre différents groupes de neurones.

Les différentes catégories d'attention

L'attention n'est pas un système unitaire car elle fait appel à différents mécanismes permettant d'identifier différentes catégories d'attention. L'attention sélective est la capacité à répondre de manière sélective à une seule source d'information (visuelle ou auditive) sans se laisser distraire par les autres stimuli. L'attention soutenue, quant à elle, est la capacité à maintenir un niveau attentionnel efficient et stable pendant une longue période de temps. Finalement, l'attention divisée permet de partager ses ressources attentionnelles entre plusieurs tâches présentées simultanément.

Une synthèse publiée en 2008 s'est intéressée au développement des compétences attentionnelles chez les enfants prématurés jusqu'à l'âge de 4 ans [103]. Elle met en évidence des difficultés attentionnelles qui s'amplifient avec l'âge chez les enfants nés prématurément en comparaison des enfants nés à terme, et ce pour toutes les catégories d'attention. En 2009, une méta-analyse a été conduite sur le même sujet, mais chez des enfants âgés de plus de 2 ans [104]. Elle révèle également des différences d'attention sélective et soutenue (l'attention divisée n'étant pas étudiée dans cette méta-analyse) en défaveur des enfants prématurés. De plus, ces difficultés sont d'autant plus marquées que l'enfant est né tôt. De manière générale, les troubles attentionnels s'avèrent être les troubles comportementaux observés le plus fréquemment chez les enfants prématurés [105].

Les enfants nés prématurément présentent environ 2,5 fois plus de risques de développer un trouble déficitaire de l'attention avec ou sans hyperactivité (TDAH) que ceux nés à terme [106]. Ce trouble est caractérisé par des comportements d'inattention, d'hyperactivité et d'impulsivité, où les enfants ont des difficultés à s'organiser, une incapacité à maintenir leur attention de façon prolongée, une sensibilité aux stimuli distracteurs. Trois sous-types de TDAH existent selon la prédominance du symptôme : le sous-type « hyperactivité-impulsivité », le sous-type « inattention » et le sous-type « mixte ». C'est le sous-type « inattention » qui est le plus fréquemment retrouvé chez les enfants prématurés [107].

Certaines recherches utilisant la neuro-imagerie, et plus précisément l'IRM, ont permis d'étudier les liens entre TDAH et structures cérébrales chez les prématurés. Les adolescents nés prématurément et âgés de 14-15 ans présentent des scores plus élevés de TDAH (mesuré par un questionnaire, *ADHD Rating Scale IV*, complété par la mère) que ceux nés à terme. De plus, ces scores plus faibles sont associés à une réduction de la substance blanche et du corps calleux [108], ainsi qu'à une altération de la microstructure de la substance blanche au niveau de la capsule externe[3] et des faisceaux longitudinal supérieur[4] et fronto-occipital supérieur [109]. Ces corrélations sont significatives pour le sous-score d'inattention, et non pour celui d'hyperactivité. Plus récemment, des chercheurs ont observé des associations entre des mesures IRM réalisées pendant la période néonatale (à 40 SA) et des scores de TDAH aux âges de 4, 6 et 9 ans (mesurés par un questionnaire – *Strenghts and Difficulties Questionnaire*, sous-échelle inattention/

3. La capsule externe correspond à un faisceau de fibres nerveuses au niveau des ganglions de la base.
4. Le faisceau longitudinal supérieur est un faisceau de fibres nerveuses au niveau du système nerveux central qui associe les lobes frontal, pariétal, occipital, puis temporal inferieur

hyperactivité – complété par la mère) [110]. Chez les enfants nés prématurément et présentant un TDAH persistant au cours du temps, une réduction de la substance blanche néonatale a pu être identifiée, notamment au niveau de la région préfrontale dorsale. Ce dernier résultat suggère la possibilité d'utiliser les outils de neuro-imagerie comme des prédicteurs des troubles ultérieurs du comportement, tels que le TDAH.

Les systèmes de mémoire

La mémoire est également un système complexe composé de plusieurs mémoires. L'information peut être stockée de manière temporaire en mémoire à court terme, ou mémoire de travail (une des composantes des fonctions exécutives). L'information peut également être stockée plus longtemps dans la mémoire à long terme. Pour cette seconde catégorie, on distingue alors la mémoire implicite (ou procédurale) de la mémoire explicite (ou déclarative). Finalement, la mémoire explicite est elle-même composée de la mémoire épisodique (capacité à rappeler des événements vécus) et de la mémoire sémantique (nos connaissances permanentes sur le monde).

De nombreuses recherches se sont intéressées spécifiquement à la mémoire de travail et elles ont fait l'objet d'une méta-analyse [105]. Elles mettent toutes en évidence des déficits chez les enfants prématurés en comparaison des enfants nés à terme (âgés de 7 à 14 ans). Bien que les autres composantes de la mémoire aient reçu moins d'intérêt de la part des chercheurs, il existe quelques recherches sur le sujet. Ainsi, les enfants prématurés âgés de 1, 2 et 3 ans ont plus de difficultés à reproduire des séquences d'actions que les enfants à terme, après un délai de 15 minutes [111]. Plus tard dans le développement, des difficultés mnésiques, qu'elles soient verbales ou visuelles, sont également observées plus fréquemment chez les adolescents nés prématurément âgés de 16 ans [112]. Grâce à des enregistrements IRM, des chercheurs ont observé une réduction du volume de l'hippocampe chez les adolescents ayant des scores plus faibles lors d'une tâche de mémoire verbale [113].

Enfin, il existe également des liens entre les mesures cérébrales enregistrées à 40 SA et les scores à des tests de mémoire. La réduction du volume de l'hippocampe en période néonatale est corrélée à des scores plus faibles de mémoire à court terme à l'âge de 2 ans [114], ainsi qu'à des scores plus faibles de mémoire verbale à l'âge de 7 ans [115], sachant que, dans ces deux études, les enfants prématurés présentaient des scores de mémoire plus bas en comparaison de ceux nés à terme. Quand les chercheurs testent les différentes composantes mnésiques chez des enfants prématurés et nés à terme, tous âgés de 7 ans, les résultats révèlent des difficultés dans tous les domaines évalués [116]. Ces difficultés sont associées à des altérations de la substance grise profonde (ganglions de la base et thalamus). Plus précisément, les auteurs observent que c'est la mémoire verbale, et donc l'apprentissage du langage, qui semble être particulièrement vulnérable aux altérations cérébrales néonatales chez les prématurés.

Les langages simple et complexe

Le langage peut être catégorisé de différentes manières. Ainsi, il est possible de distinguer le langage simple, correspondant à l'acquisition de vocabulaire et de phrases courtes, du langage complexe, incluant la compréhension et l'utilisation de concepts, de verbes et de phrases complexes. Une méta-analyse récente utilisant cette classification du langage a permis de mettre en évidence des difficultés langagières chez les enfants de 3 à 12 ans nés prématurés, aussi bien au niveau du langage simple que complexe [117]. Les chercheurs constatent également que les difficultés de langage complexe chez ces enfants s'amplifient au cours du développement.

Une seconde méta-analyse s'est intéressée plus spécifiquement aux très grands prématurés (nés avant 32 SA) [118]. Ces auteurs ont utilisé une autre catégorisation du langage qui en comprend cinq : la sémantique (signification), la grammaire (structure), la conscience phonologique (compréhension des unités sonores élémentaires), le discours (intégration d'informations dans une discussion) et la pragmatique (utilisation d'un vocabulaire adapté dans un contexte donné). Les deux premières catégories peuvent également être regroupées afin de distinguer l'aspect réceptif (compréhension) de l'aspect expressif (production) du langage. Les résultats de cette méta-analyse mettent en évidence que les enfants prématurés sont plus nombreux à présenter des difficultés au niveau du langage réceptif et expressif, ainsi qu'au niveau de la sémantique. Concernant la grammaire, la méta-analyse ne permet pas de mettre en avant de différences entre les deux groupes. Finalement, aucune étude comparant les enfants prématurés et nés à terme pour les tâches de conscience phonologique, discours et pragmatique, n'a pu être identifiée par les chercheurs [117-118].

Forts de ce constat, des chercheurs ont récemment étudié l'ensemble de ces catégories et ont également regardé si les scores obtenus pouvaient être liés aux mesures cérébrales enregistrées lors d'un IRM à 40 SA [119]. Les enfants très grands prématurés âgés de 7 ans obtiennent de moins bons scores de langage dans les cinq catégories. De plus, des anomalies de la substance blanche sont associées à de moins bonnes performances dans les domaines de la sémantique, de la grammaire, de la conscience phonologique et du discours, mais pas dans celui de la pragmatique. Ces anomalies semblent être particulièrement prédictives des difficultés observées pour la conscience phonologique (capacité à manipuler les sons élémentaires – phonèmes – de la langue). Afin de tenter de comprendre à quoi peuvent être dus ces retards de langage, une étude en IRMf a été menée chez des enfants extrêmes prématurés et des enfants nés à terme, tous âgés de 8 ans [120]. Les groupes ont tous deux été soumis à une évaluation générale du langage, ainsi qu'à une tâche de langage passif (écouter une histoire) dans l'IRMf. Des retards dans toutes les épreuves de langage sont observés chez les enfants prématurés. Les résultats en neuro-imagerie révèlent des connectivités neuronales plus importantes entre l'aire de Wernicke et le gyrus frontal inférieur droit, ainsi qu'entre l'aire de Wernicke et les gyrus supramarginaux droit et gauche chez les enfants prématurés. Ils présentent donc un réseau neuronal différent des enfants nés à terme pour traiter l'information langagière à l'âge scolaire. Ces altérations pourraient être dues au délai de maturation des réseaux neuronaux, ou à l'engagement de réseaux alternatifs dans les processus de langage.

Enfin, les chercheurs s'interrogent sur l'origine de ces difficultés langagières chez les enfants prématurés. Certains font l'hypothèse que c'est le manque d'exposition au langage lors de leur hospitalisation en néonatologie qui pourrait en être une des causes principales [121-122]. Néanmoins, de nouvelles études seront nécessaires afin de vérifier cette hypothèse.

Les fonctions exécutives

Les fonctions exécutives (FE) font référence à des processus cognitifs contrôlés de haut niveau qui sont impliqués dans la réalisation de tâches complexes nouvelles et non routinières. Cependant, il n'existe pas de consensus concernant les compétences cognitives constituant les FE. De nombreux modèles théoriques ont ainsi été élaborés (voir par exemple Miyake *et al.*, 2000 [123] ; Anderson, 2002 [124]). Notre objectif étant de répertorier les difficultés couramment observées chez les enfants prématurés, nous parlerons de flexibilité cognitive, de fluence verbale, d'inhibition, de planification et de mémoire de travail (précédemment abordée dans « Les systèmes de mémoire », p. 79), et ce, indépendamment de tout modèle théorique.

Une méta-analyse récente a regardé l'impact de la prématurité sur le développement des FE en regroupant les études concernant les processus de mémoire de travail, fluence verbale et flexibilité [105]. De manière générale, les enfants, adolescents et jeunes adultes nés prématurés (âges allant de 7 à 22 ans) présentent de moins bonnes performances que ceux nés à terme. Une revue de littérature datant de 2013 et concernant plus spécifiquement les adolescents nés prématurément vient renforcer ces conclusions [125]. Une seconde méta-analyse s'est également intéressée à cette question, en réunissant cette fois-ci les processus d'inhibition, de mémoire de travail, de fluence verbale, de planification et de flexibilité [104]. Les résultats confirment ceux de la première méta-analyse en observant des difficultés plus prononcées chez les enfants nés prématurément. Cependant, certaines nuances

La scolarisation

Les performances scolaires font généralement référence à trois domaines d'apprentissage que sont la lecture, l'orthographe et les mathématiques. Une méta-analyse datant de 2009 a recensé quatorze études qui comparent ces performances entre des enfants très grands prématurés et des enfants nés à terme entre l'âge de 5 et 20 ans [105]. Elle révèle davantage de difficultés en lecture, en orthographe et en mathématiques chez les prématurés. L'Institut national de la santé et de la recherche médicale (Inserm) a lancé depuis janvier 1997 une grande étude de cohorte intitulée Épipage (Étude épidémiologique sur les petits âges gestationnels) qui évalue le devenir des très grands prématurés. Ainsi, ces enfants, à l'âge de 8 ans, ont 3,6 fois plus de risques de redoubler une classe et 5 fois plus de risques d'avoir besoin d'éducation spécialisée [134]. Une seconde méta-analyse de 2012 s'est, quant à elle, intéressée aux difficultés scolaires chez les enfants prématurés modérés et tardifs (nés après 32 SA) [135]. Ces enfants présentent également de moins bonnes performances dans les trois domaines d'apprentissage. De plus, ils ont davantage besoin d'une éducation spécialisée (1,3 et 2,8 fois plus de risques) et ils redoublent plus fréquemment (1,3 et 2,2 fois plus de risques) [135].

On peut dès lors s'interroger sur le lien entre les problèmes scolaires chez les enfants prématurés et les difficultés précédemment décrites dans ce chapitre, à savoir le QI, l'attention, la mémoire, le langage et les fonctions exécutives. C'est ainsi que des chercheurs ont observé que le lien entre une naissance prématurée et les performances en lecture et en mathématiques à l'âge de 11 ans était en grande partie expliqué par la vitesse de traitement et les fonctions exécutives [136]. De manière plus spécifique, il semble que ce soit la mémoire de travail qui influence directement les performances scolaires et ce, indépendamment de l'inhibition et de la flexibilité. Un programme d'entraînement de la mémoire de travail a été proposé à des enfants prématurés de 5-6 ans [137]. Les résultats révèlent des améliorations significatives de la mémoire de travail, mais également de l'attention auditive, de la conscience phonémique et de la mémoire verbale et visuelle. Les chercheurs font l'hypothèse qu'un tel entraînement pourrait également avoir un impact bénéfique sur la réussite scolaire ultérieure de ces enfants.

Impact de la prématurité sur le développement émotionnel et social

Réactivité et régulation des émotions

Les difficultés neurocognitives des enfants nés prématurément qui peuvent persister au cours du développement semblent être influencées par les émotions. Ainsi, des chercheurs se sont intéressés aux réactions des enfants prématurés lors de tâches expérimentales suscitant des émotions telles que la joie, la peur ou la colère. À 12 mois, les enfants prématurés présentent une plus grande réactivité à la colère et une plus faible réactivité à la peur que les enfants nés à terme [138]. Au même âge, ils présentent également une plus grande réactivité motrice d'excitation positive lors d'un épisode suscitant de la joie. À 24 mois, les enfants nés prématurément sont décrits par leurs parents comme plus peureux en comparaison des enfants nés à terme [128]. À 42 mois, les enfants nés grands prématurés présentent des scores plus élevés de frustration et de peur, et ils sont moins précis lorsqu'ils doivent nommer des expressions faciales émotionnelles [127]. De plus, des liens significatifs entre les capacités cognitives (contrôle volontaire) et les capacités émotionnelles ont été mis en évidence chez ces enfants : les enfants prématurés manifestant une plus grande réactivité émotionnelle (peur et frustration) sont ceux qui ont de plus grandes difficultés d'inhibition.

Une recherche s'est intéressée au lien entre des difficultés socio-émotionnelles à l'âge de 2 ans et les troubles ultérieurs du comportement à l'âge de 5 ans [139]. Tout d'abord, les parents d'enfants prématurés rapportent davantage de problèmes de type internalisés (par exemple, repli sur soi, anxiété, détresse de séparation) et de moins bonnes compétences socio-émotionnelles (par exemple compliance[7], imitation, motivation, empathie) que ceux des enfants nés à terme à l'âge de 2 ans [140]. De plus, les difficultés de type internalisées à 2 ans sont associées à des troubles émotionnels (anxiété et dépression) à l'âge de 5 ans. Quant aux plus faibles compétences socio-émotionnelles à 2 ans, elles sont corrélées à plus de problèmes relationnels et prosociaux[8]. Cependant, cette continuité développementale entre 2 et 5 ans s'observe aussi bien chez les enfants prématurés que chez ceux nés à terme.

7. La compliance, dans ce contexte, se réfère au fait de suivre les règles, d'être coopérant.
8. Les comportements prosociaux peuvent être définis comme étant des actions qui aident une autre personne ou un groupe sans que l'auteur ne s'attende à une récompense.

Par ailleurs, des anomalies de la substance blanche observées à 40 SA semblent prédire en partie des difficultés à réguler ses émotions chez des enfants prématurés âgés de 2 et 4 ans [141], ainsi que des difficultés relationnelles à l'âge de 4 ans [142]. Des chercheurs ont également mis en évidence des associations entre des altérations de certains réseaux neuronaux et des compétences sociocognitives chez des enfants prématurés à l'âge de 6 ans [143]. Des altérations de connectivité au niveau de la boucle cortico-ganglions de la base-thalamo-corticale et cortico-corticale semblent contribuer à des problèmes de traitement simultané de plusieurs informations, ainsi qu'à des difficultés prosociales et de reconnaissance d'un contexte social.

Finalement, les difficultés de régulation émotionnelle observées chez ces enfants, en association avec un niveau socio-économique plus faible et des anomalies importantes de la substance blanche en période néonatale, semblent être prédictives de certains troubles du comportement, dont la prévalence est plus importante chez les enfants nés prématurément, tels que le TDAH (précédemment abordé dans « Les différentes catégories d'attention », p. 77), le trouble anxieux et le trouble du spectre autistique [144].

Anxiété et dépression

Le désordre émotionnel le plus fréquemment observé dans la population générale est le trouble anxieux. L'anxiété elle-même n'est pas en soi pathologique, mais elle peut le devenir lorsque cette émotion devient envahissante et qu'elle entraîne, de manière permanente ou discontinue, une souffrance significative chez l'individu. Ce trouble apparaît dans 40 % des cas avant l'âge de 10 ans et il est souvent un précurseur des troubles dépressifs [145]. Les troubles dépressifs se caractérisent par un ensemble de symptômes, comme une altération pathologique de l'humeur (tristesse, démoralisation), une diminution de la notion de plaisir (anhédonie), une irritabilité fréquente, des troubles du sommeil et de l'appétit, ainsi qu'une perte d'énergie et de motivation [146]. Chez les enfants de 8-10 ans, les quelques études observent des résultats contradictoires sur des scores d'anxiété plus importants chez les prématurés [147]. Il existe aussi peu de recherches à ce jour sur cette question chez les adolescents, et les résultats sont également contradictoires. Une méta-analyse publiée en 2012 suggère néanmoins que les adolescents nés prématurément ont 2,3 fois plus de risques de développer des problèmes d'anxiété que ceux nés à terme [148].

Trouble du spectre autistique

Les études observent aussi un facteur de risque à développer un trouble du spectre autistique (TSA) plus important (de 21 % à 41 %) chez les enfants nés très prématurément (avant 28 SA) et âgés de 2 ans lors de l'évaluation effectuée par les parents avec un questionnaire spécifique (M-CHAT). Le TSA (qui se déclare généralement dans les premières années de la vie) se caractérise par des troubles graves de la communication et des atteintes neurosensorielles amenant à des troubles de la socialisation. Ces résultats sont encore l'objet de discussions, car ils surestiment probablement la prévalence du TSA, à cause de toutes les autres difficultés neurodéveloppementales évoquées précédemment. Les études effectuées à l'âge scolaire (11 ans) confirment un risque plus important de développer un TSA chez les enfants prématurés (nés avant 26 SA), mais avec un taux plus faible (4 à 8 %) que celui observés à l'âge de 2 ans [147]. Chez les adolescents de 14-15 ans, ce taux tombe à 1-2 % [147]. Une prévalence de 5 % a été trouvée chez les jeunes adultes nés prématurément avec un poids inférieur à 2 kilos [149].

Impact de la prématurité sur le développement affectif

La grossesse est un processus long qui permet à la mère de se préparer physiquement et psychologiquement à la naissance programmée de son bébé avec qui elle a interagi préalablement pendant plusieurs semaines (mouvements du fœtus, etc.). La naissance prématurée va interrompre ce processus et donc influencer la genèse du lien psychologique entre la mère et son bébé. Par ailleurs, les soins médicaux plus ou moins intensifs donnés durant le séjour dans les services de néonatologie peuvent prolonger la séparation entre la mère et son enfant. Cet événement va conduire à un ajustement du rôle parental, encore plus exigeant que pour une naissance ordinaire. Cette naissance prématurée peut développer chez la mère (et aussi chez le père) un sentiment, ou même une peur, de ne pas être en mesure de protéger son enfant correctement [150]. Au cours d'entretiens, les chercheurs notent davantage de peur non rationnelle sur la santé chez les mères des prématurés [151-152]. Des études observent davantage de dépression postnatale chez les mères de prématurés que chez les mères d'enfants nés à terme [153].

De plus, la prise de conscience par les parents des effets négatifs potentiels de la prématurité les conduit à développer (3 années après la naissance) un stress parental spécifique [154]. Réciproquement, le stress parental durant la première année peut aussi avoir des effets négatifs sur le développement psychologique des enfants évalués à 7 ans [155]. Cependant, une étude plus récente ne trouve pas de différence de stress parental entre les mères de prématurés et les mères de bébés nés à terme quand les psychologues les interrogent avec un questionnaire standardisé 4 mois après la naissance de leur enfant [156]. Dans l'ensemble, ces résultats suggèrent que la naissance prématurée reste un facteur de risque pour le développement affectif et social des enfants.

Les chercheurs ont étudié cette question complexe des effets de la prématurité sur le développement affectif des enfants nés prématurément en examinant en particulier le développement de l'attachement et des interactions mères-enfants.

Le développement de l'« attachement » : définition et étapes

John Bowlby a élaboré le concept d'attachement qui est, selon lui, un besoin primaire inné (encadré 3) [157]. Dès la naissance, l'enfant dispose de plusieurs comportements dits d'attachement, comme les pleurs, le sourire, le regard qui suit, la succion et l'agrippement. Ces comportements visent à promouvoir la proximité avec la mère et activer son système de *caregiving*. Le *caregiving* est donc le versant parental de l'attachement. Il s'agit de la « capacité à donner des soins et à s'occuper d'un plus petit que soi » [157] ou encore de l'« ensemble des comportements parentaux comprenant à la fois les soins physiques et affectifs donnés à l'enfant, dans une certaine mesure programmés à l'instar du comportement d'attachement » [158].

Encadré 3

Le développement de l'attachement : bases théoriques et comportements

John Bowlby, médecin-psychanalyste, a développé le concept d'attachement en 1969, à partir de l'observation par Spitz en 1946 de symptômes dépressifs chez des enfants âgés de 12 à 18 mois placés en pouponnière. Cette théorie s'appuie sur les apports de plusieurs disciplines en pleine expansion après la Seconde Guerre mondiale. Ainsi, l'éthologie révèle qu'il existe des comportements d'apprentissage innés (sans renforcement) modulés par l'environnement, comme le fameux phénomène d'« empreinte » observé chez les oies cendrées par Lorenz. L'éthologie met également en évidence les conséquences négatives à court et à long terme de l'isolement sur le développement de l'individu. Le darwinisme souligne la nécessité de prendre en compte la notion d'évolution dans le développement de l'individu et propose des explications du fonctionnement humain selon une perspective de survie de l'individu et de l'espèce, appelées « stratégies adaptatives ». La cybernétique développe la notion d'homéostasie : l'être humain maintient son équilibre par une autorégulation en fonction de son environnement, et par un compromis entre sécurité et exploration. Enfin, la psychanalyse souligne le rôle essentiel de la relation parent-enfant dans le développement psychologique ultérieur de l'enfant.

Pour Bowlby, à travers le développement de l'attachement en quatre étapes successives, l'enfant commence à construire progressivement ses « modèles internes opérants » (MIO), à partir d'une intériorisation de séquences d'événements et en fonction de la réponse la plus habituelle de sa « figure d'attachement » (FA) à ses besoins d'attachement. Il va alors construire un modèle de soi et un modèle d'autrui en situation d'alarme/détresse. Ces modèles (un par relation d'attachement) seraient constamment révisés dans les premiers temps en fonction des expériences interactives et des capacités cognitives de l'enfant. C'est à partir de 4-6 ans qu'ils seraient intégrés dans un schéma généralisé de soi et des autres en situation de détresse. Les fonctions de ces MIO sont diverses, comme de guider la manière de traiter et réagir à l'information, de se conduire dans ses relations interpersonnelles, ou encore de comprendre et interpréter le comportement des autres. Ils permettent ainsi à l'enfant d'anticiper et de s'adapter à partir des expériences passées.

Pour Bowlby, le développement de l'attachement suit quatre étapes successives. L'étape 1 (1-3 mois) est une période de préattachement, durant laquelle les objectifs du bébé sont d'obtenir la proximité d'un adulte (quel qu'il soit) et d'activer son système de *caregiving*, en envoyant des signaux sans discrimination. L'étape 2 (3-6 mois) est une période d'émergence de l'attachement lors de laquelle l'enfant favorise les personnes qui s'occupent régulièrement de lui. À cette étape, l'enfant sourit moins spontanément à un étranger, même s'il n'en a pas peur. Aucun adulte n'est encore devenu la « base de sécurité », mais les comportements favorisant la proximité sont encore dirigés vers une ou plusieurs figures repérées comme familières (la mère et le père, en général). Les comportements d'attachement envers ces personnes familières s'intensifient et se diversifient, sous l'effet d'interactions positives entre les personnes familières et le bébé. L'étape 3 (6-12 mois) est considérée comme la période d'attachement à proprement parler à une figure d'attachement (pas nécessairement la mère biologique). Enfin, à l'étape 4 (à partir de 12 mois), on observe une résistance à la séparation et une peur des étrangers, car l'enfant a pu se former un « modèle interne d'attachement » ou un « modèle interne opérant » (MIO).

Évaluation de la qualité de l'attachement : le test de la « situation étrange »

Pour évaluer la qualité de l'attachement des jeunes enfants, les psychologues utilisent le test de la « situation étrange » [159]. Ce test consiste à proposer des interactions standardisées entre une mère et son enfant âgé de 12 à 20 mois, durant lesquelles le parent laisse son enfant avec un étranger (*i.e.* une personne non familière) ou seul dans une pièce puis revient (plusieurs phases supposées engendrer une tension graduelle ; voir tableau 2). Face à ces situations inédites, les chercheurs examinent si, et à quel âge, le jeune enfant peut dépasser sa peur et explorer le monde avec seulement une représentation mentale de sa figure d'attachement (sa base de sécurité).

Les observations sont effectuées à différents moments par le psychologue : 1) au départ du parent, avec l'activation ou non d'émotions négatives, de comportements d'attachement vers l'étranger (recherche de proximité, regards, sourires) ; 2) au retour du parent avec la régulation ou l'apaisement ou non de ses peurs ; et 3) à la présence d'une personne étrangère avec la provocation ou non d'émotions positives (curiosité, intérêt) et le déclenchement ou non de comportements d'exploration physique et sociale de l'environnement.

Les psychologues examinent deux dimensions, à savoir les réactions de l'enfant aux phases de séparation/réunion avec son parent et ses capacités d'exploration physique et sociale.

Tableau 2. Présentation chronologique du test de la « situation étrange » destiné à évaluer la qualité de l'attachement chez des jeunes enfants [159].

Phase - personnes impliquées	Description
1. Parent, enfant dans une pièce avec des jouets (3 minutes).	L'enfant et le parent découvrent le nouvel environnement afin de se mettre à l'aise.
2. Parent, enfant, étranger (3 minutes).	Un étranger entre dans la pièce et se met à jouer avec l'enfant pendant la dernière minute.
3. Enfant, étranger (3 minutes).	Le parent sort de la pièce et laisse son enfant avec l'étranger.
4. Parent, enfant (3 minutes).	Le parent revient et l'étranger quitte la pièce.
5. Enfant (3 minutes).	Le parent quitte la pièce et laisse seul l'enfant.
6. Enfant, étranger (3 minutes).	L'étranger revient dans la pièce et reste avec l'enfant, interagissant si besoin.
7. Parent, enfant (3 minutes).	Le parent revient et l'étranger quitte la pièce.

Ils observent ainsi comment l'enfant effectue dans cette situation de test un compromis entre des comportements d'attachement (recherche de réconfort) et des comportements d'exploration. À partir des observations effectuées, Ainsworth et ses collègues ont distingué trois styles d'attachement : « sécurisé » ; « anxieux-évitant » ; « anxieux-résistant ou ambivalent ». Par la suite, afin de pouvoir traiter les comportements inclassables, un quatrième style appelé « attachement désorganisé » a été proposé [160].

Dans le style d'attachement « sécurisé », des comportements de détresse sont observés au moment de la séparation, suivi de recherche de contact avec le parent lors des retrouvailles (avec peu de comportements de résistance ou d'évitement) et des comportements d'exploration de l'environnement préservés. Globalement, les comportements de l'enfant témoignent d'un équilibre optimal entre l'exploration et la recherche de réconfort.

Dans le style d'attachement « anxieux-évitant », des comportements d'évitement ou des attitudes d'indifférence sont observés lors des retrouvailles, comme s'il y avait une désactivation des comportements d'attachement et une focalisation sur l'environnement. Globalement, les comportements de l'enfant sont le reflet d'un déséquilibre en faveur de l'exploration de l'environnement et en défaveur des comportements d'attachement.

Dans le style d'attachement « anxieux-résistant ou ambivalent », une forte détresse lors des séparations, avec des attitudes ambivalentes entre la recherche de contact et la résistance, sont constatées lors des retrouvailles. Des expressions de colère contre le parent (qui n'est pas considéré comme une base de sécurité) sont aussi observées comme s'il y avait une hyperactivation du système d'attachement. Parallèlement, les comportements d'exploration de l'environnement restent limités. Globalement, les comportements de l'enfant indiquent un déséquilibre en défaveur de l'exploration et en faveur des comportements d'attachement.

Dans le style d'attachement « désorganisé », les enfants manifestent des comportements inconsistants, contradictoires, incompréhensibles, bizarres. Par exemple, l'enfant peut se figer brièvement dans une posture exprimant la sidération ou la confusion. Les mouvements de rapprochement sont incomplets et on observe des indices de stress ou de peur du parent. Globalement, les comportements de l'enfant témoignent d'un échec dans le développement d'une stratégie d'attachement cohérente.

La qualité de l'attachement chez les enfants prématurés

Pour étudier si la qualité de l'attachement des enfants prématurés est différente de celle des enfants nés à terme, de nombreux chercheurs ont proposé le test de la situation étrange à des enfants âgés de 11 à 14 mois. Globalement, une méta-analyse, publiée en 2012, qui a recensé les huit études publiées sur cette question, révèle que la distribution statistique des styles d'attachement est globalement similaire entre les enfants prématurés et les enfants nés à terme lorsque les enfants des deux groupes sont issus de classes socio-économiques moyennes similaires (tableau 3) [161].

Tableau 3. Distribution statistique des styles d'attachement chez les enfants âgés de 11 à 14 mois, nés prématurément [161] ou à terme (résultats d'une méta-analyse portant sur un échantillon global de 2 104 enfants [162]).

Style d'attachement	Enfants prématurés [161]	Enfants nés à terme [162]
« Sécurisé »	64 %	62 %
« Anxieux-évitant »	20 %	15 %
« Anxieux-résistant »	15 %	9 %
« Désorganisé »	Non étudié	15 %

Quelles sont les représentations de l'attachement maternel ?

Quelques études (avec des groupes contrôles indispensables pour effectuer des comparaisons) ont abordé plus récemment la question des représentations de l'attachement maternel. Elles ont utilisé des entretiens structurés avec des mères qui permettent de catégoriser leurs représentations de l'attachement maternel en trois sous-groupes : « équilibré », « en retrait », « altéré ». Les résultats révèlent des différences dans la distribution des sous-groupes entre les mères de prématurés et les mères d'enfants nés à terme qui apparaissent avec le temps et qui sont modulées par leur niveau socio-économique. Ainsi, avec des mères de bébés âgés de 12 mois, les chercheurs n'observent pas de différence significative dans la distribution des proportions entre les mères de bébés prématurés et les mères de bébés nés à terme : 62 % sont catégorisées « équilibré », 18 % « en retrait » et 20 % « altéré » [152]. En revanche, avec des mères de bébés âgés de 18 mois et issus de milieux socio-économiques défavorisés, d'autres chercheurs observent une proportion plus faible de représentation maternelle catégorisée comme « équilibrée » chez les mères de prématurés (30 %) que chez les mères de bébés nés à terme (57 %) [151].

Le développement des interactions mère-enfant

Les chercheurs ont étudié le développement des interactions mère-enfant, principalement pendant les deux premières années, en proposant des situations standardisées de jeu ou de face-à-face, avec parfois des courtes périodes où il est demandé à la mère de figer les expressions de son visage (*still-face*), afin d'observer les réactions de son enfant (étonnement, recherche de contact, colère, etc.). À partir des enregistrements de ces situations, les psychologues vont alors coder et analyser toutes les interactions observées entre la mère et son enfant. Dans l'ensemble, les résultats révèlent des spécificités dans les interactions mères-enfants prématurés seulement dans certaines situations et seulement à partir d'un certain âge [161]. Ainsi, lorsque les chercheurs comparent des interactions entre des mères et leurs bébés de 6 mois nés à terme et prématurés dans des situations de face-à-face comprenant un *still-face*, ils n'observent pas de différence significative dans les différents comportements socio-émotionnels de la dyade [163].

En ce qui concerne les comportements dans les situations de jeu, les mères des enfants prématurés semblent avoir des styles d'interaction plus directs, plus actifs et plus contrôlants avec leurs enfants que les mères des enfants nés à terme. Par exemple, des chercheurs montrent que les mères des prématurés âgés de 3 mois utilisent davantage la communication vocale, mais produisent moins de réponses faciales [164]. D'autres observent que les mères des prématurés sont moins sensibles et plus contrôlantes avec leurs enfants de 6 mois durant des périodes de jeux à deux [165]. Avec des enfants du même âge, les mères des enfants nés à terme produisent davantage de comportements coopératifs dans des jeux à deux que les mères des enfants prématurés [166]. Au niveau des comportements des enfants, les prématurés peuvent parfois devenir plus passifs et moins alertes durant les interactions que les enfants nés à terme. Ainsi, dans des situations de jeux libres, les chercheurs n'observent pas de différence entre les deux groupes à 6 mois, alors qu'à 12 mois, les prématurés expriment moins d'affects positifs et sont moins attentifs [167]. C'est à l'âge de 18 mois que les enfants prématurés sont davantage passifs et moins alertes que les enfants nés à terme [165].

Si les recherches sur le développement spécifique des interactions mère-enfant se sont focalisées sur les premières années, il semble que des différences subsistent après plusieurs années. En effet, le style parental des parents des enfants prématurés âgés de 8 ans présente davantage de comportements de surprotection que ceux d'enfants nés à terme [168]. Si de tels résultats se confirment, cette tendance devra être prise en compte par les professionnels dans la prise en charge et le suivi des parents.

Conclusion

L'ensemble des résultats montre que la prématurité a un impact significatif général sur le développement neurocognitif, et un impact plus limité et spécifique sur le développement émotionnel, social et affectif. De plus, l'influence de l'immaturité cérébrale, de l'instabilité physiologique, de la gravité de l'état de santé de l'enfant, ainsi que de l'exposition à des expériences néfastes sont autant de facteurs qui vont augmenter le risque de manifester des troubles neurocognitifs, socio-émotionnels et affectifs. Néanmoins, il est important de rappeler ici qu'une majorité de ces enfants se développe de manière tout à fait similaire à celle des enfants nés à terme.

Les mécanismes qui sous-tendent le lien entre ces troubles et la prématurité sont encore peu connus. Certains chercheurs suggèrent que des altérations cérébrales précoces d'origine génétique et environnementale interagiraient avec le développement cérébral de façon à augmenter la vulnérabilité psychopathologique à l'adolescence. Ces altérations cérébrales précoces pourraient être en partie liées à des problèmes de maturation des précurseurs des oligodendrocytes[9] [169]. Finalement, plusieurs techniques relevant de l'IRM se développent (volumétrie, fonctionnelle, de diffusion, connectomes, etc.) afin de mieux comprendre les mécanismes cérébraux sous-jacents et ainsi, pouvoir les utiliser comme outils prédictifs fiables de troubles ultérieurs (si les résultats se confirment) [170-171].

En conclusion, les données dont nous disposons révèlent chez les enfants prématurés un risque accru de développer un certain nombre de difficultés en comparaison des enfants nés à terme. Ce constat démontre clairement la nécessité de mettre en place le plus tôt possible une prise en charge adaptée afin de minimiser l'impact d'une naissance prématurée.

Le point de vue du docteur Véronique Pierrat, pédiatre dans le service de médecine néonatale du CHRU de Lille

Inserm UMR 1153, équipe de recherche en épidémiologie obstétricale, périnatale et pédiatrique (ÉPOPé),
centre de recherche « Épidémiologie et statistique »,
Sorbonne-Paris-Cité (CRESS), DHU « Risques et grossesse »,
université Paris-Descartes

« Longtemps, les néonatologistes ne se sont intéressés qu'aux séquelles les plus graves de la prématurité, et plus spécifiquement à l'infirmité motrice d'origine cérébrale. Néanmoins, l'impact de la prématurité sur le développement émotionnel, social, affectif

9. Les oligodendrocytes sont des cellules appartenant au système nerveux central. Ils constituent la myéline entourant les axones des neurones et permettent ainsi d'augmenter la vitesse de propagation de l'influx nerveux.

est de plus en plus décrit et peut se manifester à très long terme. Le nombre grandissant de jeunes adultes nés prématurément nous impose d'y être attentif. De même, les effets sur les parents de ces naissances souvent très traumatiques sont aussi mieux connus et méritent une attention particulière.

Malgré toutes les difficultés décrites, soulignons que la majorité des enfants et des jeunes adultes nés prématurément vont bien. Des études montrent aussi que la majorité de ces enfants ou adultes décrivent leur qualité de vie comme très comparable à celle de leurs pairs, nés à terme, et ce en dépit des difficultés qu'ils peuvent rencontrer. Cette réalité tangible est celle qui peut nous donner l'énergie pour nous associer, parents, jeunes adultes nés prématurément, professionnels, responsables politiques, et œuvrer pour limiter chez ces enfants nés très vulnérables les conséquences de la prématurité.

Les chapitres précédents ont décrit le rôle possible de l'exposition à un environnement sensoriel délétère en période néonatale sur le développement cérébral. S'appuyant sur les travaux de recherche qui s'y réfèrent, les axes de prévention actuels les moins controversés sont ceux qui encouragent l'implantation dans les services de néonatologie de soins de développement basés sur des preuves scientifiques. Il est de plus en plus évident que ce soutien doit se prolonger au-delà de la période néonatale et évoluer en fonction des besoins des enfants et de leurs familles. Ce soutien passe par l'organisation de réseaux de suivi structurés, organisés autour du dépistage, dont l'implantation progresse.

Néanmoins, l'augmentation régulière du nombre d'enfants nés prématurément et de familles vulnérables, ainsi que les progrès réalisés avec un dépistage étendu des conséquences de la prématurité ont soulevé les difficultés de prise en charge. Ces progrès ne se sont pas accompagnés d'un accroissement en conséquence de structures adaptées au-delà de l'hospitalisation, ni d'une réflexion approfondie, à l'échelle sociétale, sur les approches pédagogiques à offrir à ces enfants ou sur leurs possibilités d'intégration dans nos sociétés lorsqu'ils s'écartent trop de la "norme". Ces tendances sont retrouvées dans la plupart des pays d'Europe et les associations de parents sont actives pour essayer de mettre en place un cadre de progrès fédérateur. Ces parents nous ont aussi permis de nous rendre compte d'à quel point l'ajustement au rôle parental est encore plus exigeant dans le cadre de la prématurité que pour une naissance ordinaire, et combien l'accompagnement d'un stress parental spécifique est le plus souvent indispensable. Ils nous ont aussi fait prendre conscience des ressources qu'ils pouvaient avoir pour surmonter les difficultés et du devoir que nous avions, en tant que professionnels, de leur offrir une écoute active.

Dans le contexte économique actuel, le coût de la prématurité est de plus en plus étudié. Ce coût intègre celui de la prise en charge au-delà de la période néonatale. Il est élevé et ne doit pas être négligé. Néanmoins, il ne peut s'envisager sans une vision éthique, humaniste, sociétale de la place des personnes vulnérables dans nos sociétés. Reculer les limites de la viabilité ne doit pas être un choix réservé aux seuls professionnels compte tenu des conséquences à long terme de la prématurité. À travers ces enfants, nos sociétés ont le devoir de s'interroger sur la place qu'elles accordent aux plus vulnérables, sur la reconnaissance et la valorisation des compétences propres de ces enfants. »

CHAPITRE 5

Quels sont les effets des programmes de soins de développement ?

L'ensemble des programmes de soins de développement s'appuie sur la plasticité cérébrale et la meilleure gestion des stimulations sensorielles afin de soutenir le développement des enfants [172]. Il existe de très nombreux programmes[1], dont certains ont reçu plus d'intérêt de la part de la communauté scientifique que d'autres. De ce fait, leur efficacité à court et long terme a été plus fréquemment évaluée. Dans ce dernier chapitre, nous avons choisi de présenter certains de ces programmes d'intervention couramment rencontrés, à savoir la thérapie par le massage, la méthode kangourou, la thérapie par la musique, le MITP et le NIDCAP.

1. De manière générale, les recommandations formulées dans le chapitre 3 sont aussi considérées comme appartenant aux soins de soutien au développement.

Thérapie par le massage

La thérapie par le massage est fondée sur le rôle positif du contact tactile lors du développement précoce. Généralement, les séances sont réalisées deux à trois fois par jour pendant cinq à dix jours par un masseur professionnel spécialisé. Les séances durent en moyenne 15 minutes et elles sont divisées en deux phases. La première phase est composée de stimulations tactiles : l'enfant est couché sur le ventre et le masseur exerce des pressions modérées sur sa tête et son visage, sur son cou et ses épaules, son dos, ses jambes et ses bras. Pendant la seconde phase, le masseur effectue des flexions et des extensions des membres pendant que l'enfant est couché sur le dos (phase de stimulation kinesthésique). Les pressions modérées sont préférées aux pressions légères, car ces dernières ne semblent pas apporter d'effets bénéfiques, si ce n'est du réconfort [173].

Le massage sous forme de pressions modérées entraîne des effets bénéfiques à court terme. Deux revues de littérature et une méta-analyse récente trouvent des effets positifs chez les enfants prématurés ayant eu une thérapie par le massage [173-175]. Ces enfants prennent du poids plus rapidement, avec une prise de poids quotidienne moyenne de 5,32 grammes de plus en comparaison des enfants prématurés sans massage [175]. Cette prise de poids semble avoir deux origines, sous-tendues par deux mécanismes distincts : la stimulation kinesthésique augmente la consommation calorique ; la phase de stimulation tactile augmente l'activité du nerf vague (appartient au système parasympathique) qui stimule l'activité du système gastro-intestinal [176]. Les enfants avec massage restent également moins longtemps hospitalisés en service de néonatologie :

4,4 jours de moins en moyenne [175]. De plus, il semble que les enfants ayant eu des massages présentent moins de complications postnatales, bien que l'effet statistiquement significatif soit minime [174]. Le massage permet également d'apaiser les enfants prématurés qui manifestent moins de comportements de stress, tels que les pleurs, les bâillements, les sursauts ou encore les éternuements [177]. Enfin, lors de procédures douloureuses comme une prise de sang ou l'enlèvement d'un scotch chirurgical, la thérapie par le massage diminue la réponse de douleur pendant et après la procédure douloureuse [178-179]. Selon les auteurs, la stimulation des récepteurs tactiles de pression atténuerait la douleur et aiderait l'enfant à se remettre plus rapidement d'un stimulus douloureux.

Il semble également que la thérapie par le massage ait un impact favorable sur le développement cérébral. Pour examiner cette question, des chercheurs ont réalisé un enregistrement EEG (*cf.* encadré 2, p. 31) ainsi que les potentiels évoqués visuels une semaine après la naissance (avant le début de l'intervention) et quatre semaines après la naissance [180-181]. Ils ont aussi effectué un examen sérologique pour doser certains constituants, dont le facteur de croissance IGF-1 impliqué dans le développement cérébral. Les résultats révèlent une meilleure maturation de l'activité EEG et une accélération de l'acuité visuelle chez le groupe d'enfants prématurés avec massage. Les dosages en IGF-1 montrent également des taux plus élevés chez les enfants avec intervention. Le massage a bien une influence sur le développement cérébral et en particulier sur le développement visuel. Cependant, la maturation de la réponse EEG est retrouvée sur l'ensemble du scalp et pas seulement au niveau occipital, suggérant que l'effet bénéfique de la thérapie par le massage ne serait pas spécifique au développement visuel.

À ce jour, seules deux études se sont intéressées à l'impact de cette thérapie sur le développement à long terme des enfants prématurés [178 ; 182]. Ceux ayant eu une thérapie par le massage en service de néonatologie présentent de meilleurs scores de fonctionnement cognitif général à l'âge de 12 et 24 mois. Aucune différence n'est constatée au niveau de la motricité entre les enfants massés ou non. Dans ces deux recherches, les massages sont prodigués par les mères préalablement formées par un professionnel. L'implication des parents dans le soin de leurs enfants est importante pour renforcer le lien parents-enfants, et permet également de réduire les symptômes dépressifs couramment observés chez les mamans d'enfants nés prématurément [146 ; 173]. Il est probable que le développement serait encore meilleur si les interventions tactiles continuaient après l'hospitalisation, mais cette hypothèse reste à tester à l'occasion de recherches futures.

La méthode « kangourou »

Le *Kangaroo Mother Care* (KMC) est une méthode qui a pour but d'initier et de maintenir la relation physique entre la mère et son enfant, afin de favoriser leur lien. Le KMC possède trois particularités. Tout d'abord, l'enfant doit être placé en peau-à-peau vingt-quatre heures sur vingt-quatre avec sa mère, son père ou sa grand-mère assurant le relais pour des périodes transitoires. De plus, il est positionné verticalement sur le ventre de sa mère entre les deux seins, de façon à s'alimenter dès qu'il le désire, l'allaitement exclusif étant le second principe du KMC. Enfin, la sortie de l'hôpital doit être anticipée au maximum, en dépit de l'âge gestationnel et du poids de l'enfant. Cette méthode ainsi décrite est le KMC en continu, mais il existe aussi des programmes de KMC intermittents qui reprennent les mêmes principes, mais sur des temps plus courts [183]. Cette méthode alternative est couramment appelée « soins kangourou » ou « peau-à-peau ». Dans ce contexte, la mère joue un rôle essentiel en maintenant la température corporelle de l'enfant et en devenant la seule source d'alimentation et de stimulation.

Des effets bénéfiques du KMC sont observés dès la période néonatale. Une méta-analyse datant de 2014 a recensé dix-huit études [184]. Elle révèle que les enfants prématurés ayant eu une intervention KMC (treize intermittentes et cinq en continu), comparés à des enfants prématurés sans intervention, présentent des risques réduits de mortalité, d'infection nosocomiale, d'hypothermie, de maladie grave et de maladie pulmonaire. Ces enfants ont une prise de poids, de taille et un diamètre crânien plus importants, et leur durée d'hospitalisation est réduite de 2,2 jours en moyenne. Finalement, les mères sont satisfaites de cette méthode et l'attachement mère-enfant est renforcé (voir chapitre 4). De plus, une diminution de la réponse de stress lors d'un change peut être observée grâce au « peau-à-peau » [92]. Les enfants KMC ont également une meilleure organisation des états veille/sommeil, avec de plus longues périodes de sommeil profond et d'éveil calme, et des périodes plus courtes de sommeil agité [185]. Enfin, cette méthode semble accélérer la maturation cérébrale à 40 SA et ce, plus particulièrement au niveau de l'hémisphère droit [186]. Les auteurs proposent que cette plus grande maturation de l'hémisphère droit correspondrait à une connectivité cortico-corticale plus importante, et ce en particulier en réponse aux stimulations sensorielles.

Des effets bénéfiques sont également observés lors de la première année de vie chez les enfants KMC avec une prise de poids, de taille et un diamètre crânien plus importants [187]. À 12 mois, ces enfants présentent de meilleurs scores aux évaluations intellectuelle et motrice, en comparaison des enfants n'ayant pas eu de KMC. Une recherche s'est intéressée à l'impact du KMC intermittent sur une période de 10 ans [185]. Les enfants prématurés KMC ont de meilleurs scores à l'évaluation intellectuelle à 6, 12 et 24 mois, alors qu'aucune différence n'est observée au niveau moteur. Ces enfants présentent également de meilleures performances à des tâches évaluant les fonctions cognitives à 5 et 10 ans, tandis qu'aucun effet significatif n'est constaté sur les mesures de quotient intellectuel. À 5 et 10 ans, une meilleure organisation des états de veille/sommeil et une réponse réduite de stress (taux plus faible de cortisol) sont également constatées. Finalement, le comportement d'attachement maternel à 6 mois est meilleur et l'interaction mère-enfant est améliorée à l'âge de 10 ans chez la dyade KMC. Les chercheurs observent qu'une meilleure activité du nerf vague (maturation du système parasympathique) chez les enfants KMC en période néonatale s'avère être un bon prédicteur d'une meilleure interaction mère-enfant dix ans plus tard.

Au niveau cérébral, des chercheurs ont examiné l'impact de la méthode KMC sur le système nerveux central moteur en utilisant une technique s'appelant la SMT[2] [188]. Les enfants

2. La stimulation magnétique transcrânienne (ou TMS, de l'anglais *transcranial magnetic stimulation*) consiste à appliquer une impulsion magnétique sur le cortex cérébral à travers le crâne de façon indolore, au moyen d'une bobine. Elle renseigne notamment sur la maturation et sur l'intégrité des voies nerveuses.

ont bénéficié du KMC en continu lors de leur hospitalisation et sont ensuite évalués à l'adolescence (14-15 ans). Les enfants prématurés KMC et ceux nés à terme ont une synchronisation, un temps de conduction et une connectivité des voies nerveuses motrices meilleurs que les enfants prématurés sans KMC. Cette méthode améliore le développement cérébral chez les enfants prématurés et son impact est observable à long terme. Elle a donné lieu à une première conférence européenne en 2008. Suite à cette conférence, les experts proposent que la non-séparation de la mère et de son enfant soit intégrée dans tous les programmes de soins postnataux [183]. C'est également la seule méthode de soins de développement qui soit préconisée par l'OMS [189], en partie car elle peut être adaptée dans tous les pays, indépendamment de leur niveau de richesse.

Thérapie par la musique

La thérapie par la musique est une technique qui repose sur la présentation d'une combinaison de sons harmonieux et réguliers à l'enfant prématuré. Elle s'oppose au bruit, particulièrement présent dans un service de néonatologie (précédemment abordé dans le chapitre 3), qui correspond à des sons désagréables, soudains et inattendus. La thérapie par la musique ne peut être décrite précisément, car elle est utilisée de manière variée selon les recherches [190]. La musique est le plus souvent diffusée sous forme d'enregistrements audio qui peuvent être des berceuses chantées et/ou instrumentales, des comptines ou des musiques classiques. Certains chercheurs proposent aux enfants de la musique en direct, soit instrumentale, soit chantée. La voix de la mère, les battements cardiaques ou les sons semblables à ceux perçus dans le ventre maternel peuvent également être proposés. Une revue de littérature de 2012 comptabilise trente-neuf études ayant diffusé de la musique enregistrée contre quatre utilisant la musique en direct [190]. De même, la durée, la fréquence ou le mode de diffusion varie d'une recherche à l'autre. Finalement, un groupe de chercheurs a même développé une tétine musicale qui, lorsque l'enfant tète, active la diffusion de berceuses, afin de favoriser le phénomène de succion et tenter de l'autonomiser plus rapidement sur l'alimentation orale [191].

Globalement, de nombreux bienfaits d'une thérapie par la musique en néonatologie sont mis en évidence [190]. Ainsi, les enfants prématurés ayant eu une intervention musicale, en comparaison d'enfants prématurés sans intervention, présentent une augmentation de la saturation en oxygène, une meilleure régularité du rythme cardiaque et de la fréquence respiratoire. D'un point de vue comportemental, ces enfants sont plus rapidement apaisés. Une amélioration quantitative et qualitative de leur sommeil est également observée [192]. Les enfants ayant été exposés à la musique ont une dépense énergétique au repos moins élevée [193], prennent plus rapidement du poids et sortent plus tôt de l'hôpital. Quelques études suggèrent que la musique permet aux enfants de retrouver un état calme plus rapidement après une procédure douloureuse. Finalement, une étude utilisant la tétine musicale révèle une réduction de la durée d'alimentation par sonde, ainsi que de la durée d'hospitalisation chez les enfants ayant bénéficié de cette tétine [191].

D'autres recherches ont tenté de comparer différentes conditions de thérapie par la musique. Ainsi, la diffusion de berceuses enregistrées ou en direct diminue significativement le rythme cardiaque en comparaison d'une situation sans musique [194]. Cependant, une amélioration du sommeil profond est constatée uniquement pour la berceuse chantée en direct. De plus, une berceuse chantée par la mère, ainsi que des sons mimant soit le rythme cardiaque, soit la respiration régulière, diminuent toutes les trois la fréquence cardiaque des enfants prématurés [195]. Les sons de respiration améliorent significativement le sommeil des enfants prématurés. Le fait que la mère chante des berceuses à son enfant améliore les comportements de succion et augmente la consommation calorique. Enfin, la musique, indépendamment de sa nature, diminue le stress des parents. Une autre recherche a comparé l'effet de la voix de la mère lorsqu'elle parle et lorsqu'elle chante [196]. La voix de la mère, qu'elle soit parlée ou chantée, montre un effet bénéfique sur les constantes physiologiques de l'enfant prématuré. Néanmoins, la voix parlée induit plus fréquemment un état d'éveil calme, tandis que la voix chantée maintient l'enfant dans un état de sommeil actif. Finalement, associer un peau-à-peau avec la mère pendant qu'elle chante diminue l'anxiété maternelle en comparaison d'un peau-à-peau sans musique [197].

Ces études suggèrent que la musique, et plus particulièrement les berceuses chantées par la mère en direct, crée un apaisement chez les enfants nés prématurément et diminue le stress des parents dès lors qu'ils sont impliqués dans la thérapie. Cependant, il existe seulement cinq études montrant des bienfaits de la musique jusqu'à l'âge de 2 ans [190]. Il faut toutefois noter que la plus récente de ces études a été publiée en 1995. L'environnement de néonatologie des enfants prématurés ayant profondément changé en vingt ans, de nouvelles études sont nécessaires pour évaluer l'impact à long terme de la thérapie par la musique. De plus, aucune n'examine l'influence de la musique sur le développement cérébral de l'enfant.

En conclusion, la diffusion de musique en néonatologie s'avère être globalement positive. Cependant, elle ne doit pas être diffusée à n'importe quel moment, ni trop longtemps ni chez des enfants trop fragiles [198]. Elle doit être proposée à l'enfant en accord avec l'équipe soignante et doit être douce, rythmique et inférieure à 65 dB. Il est également important de savoir détecter les signaux de stress chez l'enfant afin d'arrêter la musique si nécessaire. De nombreuses recherches restent néanmoins à mener pour définir une thérapie par la musique optimale pour le développement des enfants prématurés.

Le Mother-Infant Transaction Program (MITP)

Le Mother-Infant Transaction Program (MITP) vise à renforcer l'interaction parents-enfants en formant les parents. Ainsi, des psychologues apprennent aux parents à détecter et reconnaître les indices de stress de leur enfant (mouvements, expressions faciales, posture, tonus). Leurs parents peuvent identifier les moments adéquats pour interagir avec leur enfant ou, au contraire, le laisser se reposer. Dans une première version, ce programme de soins de développement comprenait initialement sept séances lors de l'hospitalisation de l'enfant proposées tous les jours pendant la semaine précédant la sortie de l'hôpital, puis quatre séances réparties sur les trois premiers mois du retour de l'enfant à la maison [199]. Chaque session dure une heure et se focalise sur un sujet en particulier (par exemple, signes de stress de l'enfant au niveau du système autonome, tels que les hoquets ou des apnées). Par la suite, des versions modifiées de ce programme ont été proposées par différents groupes de chercheurs. Ainsi, des chercheurs norvégiens ont inclus une première séance pendant laquelle les parents sont encouragés à parler de leur expérience, de leur colère et de leur peine [200-202]. Des chercheurs australiens ont, quant à eux, réparti différemment les sept séances à l'hôpital (une par semaine, pendant sept semaines) et proposent seulement deux séances à la maison [203-205]. De plus, ils ont enrichi les sujets abordés lors des différentes sessions, tels que le massage, le peau-à-peau ou encore la tenue d'un journal.

Développé au début des années 1980, ce programme a montré des effets bénéfiques chez des enfants de 9 ans qui présentaient un score de QI plus élevé en comparaison de ceux n'ayant pas bénéficié du MITP (en moyenne 10 points de plus) par exemple [206]. Cependant, les pratiques médicales et l'environnement de néonatologie ayant considérablement évolué ces trente dernières années, nous allons décrire en priorité les effets bénéfiques des études les plus récentes. Lors de la période néonatale, une recherche observe une réduction du temps passé sous oxygène et du temps d'hospitalisation en faveur du groupe d'enfants prématurés avec MITP, mais ces différences ne sont pas significatives au niveau statistique [203]. Malgré cette absence de différence significative au niveau des données médicales, les chercheurs mettent en évidence une amélioration du développement de la microstructure de la substance blanche à 40 SA en comparaison des enfants prématurés n'ayant pas bénéficié du MITP. Ces résultats suggèrent que l'implication significative des parents dans les soins de l'enfant peut améliorer significativement le développement cérébral de ce dernier.

Pendant leurs six premiers mois, les enfants MITP ont une réduction des problèmes de régulation (sommeil, pleurs) et sont décrits comme allant plus facilement vers des objets ou des personnes inconnus et comme étant des enfants plus faciles [205]. L'interaction mère-enfant est améliorée et les mères sont moins stressées. Elles sont plus sensibles aux réactions de stress de leur enfant et y répondent de manière plus appropriée [204]. Les enfants MITP âgés de 6 mois présentent de meilleures compétences de communication. À l'âge de 1 an, ils sont décrits comme ayant moins de comportements de distractibilité et d'hyperactivité [201]. Quant aux parents MITP, leurs scores aux sous-échelles attachement et compétences parentales sont meilleurs, et leur niveau de stress est moindre (comparable à celui des parents d'enfants nés à terme). Les enfants MITP âgés de 2 ans ne présentent pas d'amélioration au niveau de leurs scores aux évaluations cognitive et psychomotrice, mais ont de meilleures aptitudes de communication [200 ; 205]. Les parents sont également moins stressés. Finalement, les parents MITP rapportent moins de difficultés comportementales chez leurs enfants à l'âge de 5 ans, avec notamment de meilleurs scores au niveau de l'attention et moins de comportements agressifs et hyperactifs [202].

L'ensemble de ces données souligne l'importance d'inclure les parents dans les programmes d'intervention précoce, et de les soutenir au-delà de l'hospitalisation de leur enfant. Cela va dans le même sens que les conclusions avancées par les auteurs d'une méta-analyse de 2013 qui a recensé les programmes précoces destinés aux enfants prématurés et incluant les parents. En effet, elle révèle des effets positifs chez la mère concernant l'anxiété, les symptômes dépressifs et le sentiment d'autoefficacité [207].

Le Neonatal Individualized Developmental Care and Assessment Program (NIDCAP)

La psychologue nord-américaine Heidelise Als et son équipe ont défini, en 1986 aux États-Unis, un programme de soins précoces, individualisés et intégrés aux soins médicaux et infirmiers [208] : le Neonatal Individualized Developmental Care and Assessment Program (NIDCAP). Ce programme s'appuie sur la théorie synactive du développement néonatal où le nouveau-né prématuré est considéré comme l'acteur principal de son développement et sa mère comme son corégulateur. Selon cette théorie, le comportement de l'enfant serait la résultante de l'interaction de cinq sous-systèmes : végétatif (respiration, rythme cardiaque, etc.), moteur (posture, tonus, mouvements), veille/sommeil (différents stades), attention/interaction (capacité de l'enfant à répondre aux stimuli), autorégulation (capacité de l'enfant à maintenir un équilibre entre tous les sous-systèmes en adoptant des comportements qui le calment) [172]. Ces sous-systèmes sont liés les uns aux autres et soumis à l'influence de l'environnement. Toute stimulation inadaptée aux compétences de l'enfant à un moment donné va entraîner une réaction de stress et de rejet (fréquence cardiaque instable, grimaces faciales, agitation, fuite du regard, hypertonie, trouble digestif, apnées, hoquets, écartement des orteils/doigts, etc.), alors que toute stimulation adaptée va être à l'origine d'un comportement d'approche, témoignant d'un bien-être (respiration calme, bonne succion, visage détendu, succès dans la consolation de soi, agrippement, sourire, absence de régurgitations, transitions harmonieuses d'un stade à l'autre, etc.).

Le NIDCAP repose sur l'observation du comportement de l'enfant, avant, pendant et après les soins et intègre les parents comme acteurs essentiels de la relation avec l'enfant [172]. Il n'y a pas de réponse type dans la mesure où chaque enfant est différent. L'observateur formé au NIDCAP évalue la capacité de l'enfant à organiser et à moduler ses cinq sous-systèmes. Pour ce faire, il remplit une grille d'observation dans laquelle il note les signes de bien-être, d'autorégulation et de stress. Il rédige ensuite un compte rendu détaillé, dans lequel des recommandations sont alors formulées pour améliorer les soins de manière individualisée (gestion de l'environnement sonore et lumineux, positionnement de l'enfant dans son incubateur, interaction parents-enfant favorisée pendant l'éveil, soins différés ou regroupés, etc.).

Certaines recherches mettent en évidence des effets bénéfiques du NIDCAP lors de la période néonatale, ainsi qu'à 3, 6 et 9 mois, en comparant des groupes d'enfants prématurés avec ou sans intervention [208-211]. Les enfants prématurés qui bénéficient du NIDCAP passent moins de temps sous ventilation, sont alimentés moins longtemps par sonde, prennent du poids plus rapidement et sortent plus tôt de l'hôpital. Une meilleure capacité d'autorégulation, ainsi qu'une meilleure régulation des systèmes autonome et moteur sont également observées, avec de meilleurs scores aux évaluations cognitive et psychomotrice. Enfin, le NIDCAP semble profiter aux enfants prématurés avec des RCIU (*cf.* note 3, p. 17) sévères. De plus, une étude en IRM (*cf.* encadré 2, p. 31) révèle un développement cérébral plus mature chez les enfants NIDCAP en comparaison d'un groupe contrôle à 40 SA [212]. Ces résultats montrent que la qualité des expériences avant le terme va influencer significativement le développement cérébral.

À plus long terme, des effets bénéfiques sont également constatés. À 18 mois, les enfants prématurés NIDCAP présentent moins de troubles, notamment moins de retard cognitif (10 % contre 30 %) [210]. À 3 ans, des effets positifs sont observés sur le comportement de l'enfant et sur l'interaction mère-enfant [213]. Finalement, les enfants prématurés NIDCAP âgés de 8 ans présentent de meilleurs scores à des tests évaluant les compétences de planification, des fonctions exécutives, de mémorisation et de traitement d'informations simultanées non verbales [214]. L'intervention NIDCAP permet également d'observer chez ces enfants une meilleure connectivité entre les régions frontale et pariétale, ainsi qu'une maturation plus importante des faisceaux de fibres au niveau de la capsule interne[3] et du cingulum[4]. Le NIDCAP semblerait donc améliorer le développement neurocognitif et affectif à court et long termes des enfants prématurés.

Toutefois, les effets bénéfiques du NIDCAP sont un sujet actuellement controversé. En effet, une méta-analyse publiée en 2013 conclut que le NIDCAP n'aurait pas vraiment d'effet positif significatif, ni à court terme ni à long terme [215]. Les conclusions de ces auteurs sont contestées et ont donné

---

3. La capsule interne correspond à un faisceau de fibres nerveuses au niveau des ganglions de la base.
4. Le cingulum est un faisceau de fibres nerveuses reliant la circonvolution cingulaire à l'hippocampe.

lieu à de nombreuses et vives réactions d'une partie de la communauté scientifique, notamment celle utilisant ce programme. De plus, deux revues de littérature viennent modérer ces conclusions en comparant les méthodologies utilisées pour évaluer les effets du NIDCAP [216-217]. Globalement, chaque étude est évaluée comme étant de qualité moyenne. Chacune d'elles examinerait un très (trop) grand nombre de variables avec un trop petit nombre d'enfants inclus, ce qui diminuerait la puissance scientifique, une critique habituelle dans ce type d'études destinées à évaluer des effets d'intervention globale (présentant un très haut niveau de complexité) sur le développement psychologique des enfants. Malgré certains résultats prometteurs, les effets bénéfiques du NIDCAP restent encore limités et ce programme mérite sans aucun doute des recherches complémentaires. Les futures recherches devront fournir des efforts méthodologiques pour évaluer les effets du NIDCAP. Cependant, lorsqu'une différence significative est observée, elle est toujours en faveur du groupe avec NIDCAP.

En conclusion, ce programme de soins et de développement, même s'il implique un coût élevé ainsi que des modifications importantes dans les comportements et l'organisation professionnelle des soignants, semble être prometteur. En effet, le NIDCAP propose une approche intégrative, prenant en compte l'enfant et ses comportements de manière individuelle et donnant un rôle important aux parents. Il est d'ailleurs de plus en plus utilisé dans les services de néonatologie.

Soins de développement : conclusions, limites et perspectives

Le débat qui a longtemps existé entre les différents professionnels était de déterminer si l'enfant prématuré était plutôt sous-stimulé ou surstimulé lors de son hospitalisation [218]. Désormais, il apparaît clairement que le problème relève de la dysstimulation (en d'autres termes, l'enfant prématuré serait mal stimulé). Pour tenter de proposer des stimulations plus cohérentes et harmonieuses, tout en considérant globalement les comportements de l'enfant, de nombreux programmes se sont développés. Tous ont montré des effets bénéfiques plus ou moins importants sur le développement des enfants prématurés. Quel que soit le programme d'intervention utilisé, aucun effet délétère n'a été décrit. Cependant, trop peu de recherches de haute qualité scientifique se sont intéressées à l'impact de ces interventions sur le développement psychologique à long terme de ces enfants.

Une réflexion constante doit être à la base de toute application des soins de soutien au développement. Un élément important concerne l'implication des parents, qui doivent absolument être intégrés dans les programmes de soins, guidés et soutenus par les professionnels de santé et en particulier par les psychologues. Il existe également quelques programmes d'intervention précoce destinés aux enfants prématurés se mettant en place après l'hospitalisation des enfants et qui induisent aussi une influence positive sur le développement cognitif et sensori-moteur des prématurés [219]. Continuer à apporter un soutien après l'hospitalisation pourrait très probablement renforcer l'impact positif des soins de développement mis en place pendant l'hospitalisation.

En résumé, la maîtrise des stimulations sensorielles dans l'environnement de néonatologie qui constitue le premier lieu de vie de l'enfant prématuré semble être cruciale pour son développement. De nombreuses recherches restent à mener afin de proposer la meilleure prise en charge possible à ces enfants nés trop tôt, aussi bien pendant l'hospitalisation qu'après. De par leurs nombreuses implications théoriques et pratiques, ce type de recherches nous semble crucial à développer, car il présente sans aucun doute un véritable défi pour les chercheurs de différents horizons disciplinaires (pédiatre, neuroscientifique, psychologue du développement, etc.).

Le point de vue de Chantal Junker-Tschopp, professeure dans la filière « Psychomotricité » de la Haute École de travail social à Genève

Du schéma corporel au psychisme : la psychomotricité auprès des enfants nés prématurément

« Alors qu'il ouvre les yeux sur notre vaste monde, le tout-petit a comme enjeu psychomoteur majeur de se construire au niveau de son schéma corporel, véritable étayage de la construction de soi, mais également de l'autre, de l'objet et de l'espace. Parce que leur grande immaturité tonique ne leur permet pas de se mobiliser dans une motricité corporelle globale, ces bébés qui naissent beaucoup trop tôt se retrouvent dans un terrain de très grande fragilité. Écrasés qu'ils sont par le poids de la pesanteur, la qualité de leur tonus atténue de plus toute sensation proprioceptive au niveau des muscles et des articulations, comme si le corps devenait sourd à lui-même. Et alors qu'ils s'engagent dans un mouvement, des mises en forme privilégiant des schémas d'extension font exister ce corps dans une tension extrême et souvent douloureuse. Les espaces de modulation tonique sont ainsi réduits, limitant les sensations corporelles à une dichotomie du tout ou rien, du chuchotement proprioceptif à la douleur.

Si nombre de ces enfants rencontreront sur leur chemin de développement des appuis psychomoteurs et relationnels leur permettant de progressivement s'organiser, d'autres se retrouveront dans un corps où les sensations ne sont que peu porteuses de sens. Surgissent alors en cascade un entrelacs de relations où les fragilités du tonus viennent s'inscrire dans la gestion même de l'équilibre - équilibre de la tête, du buste et du corps dans sa verticalité. La posture est certes là, mais souvent tenue en privilégiant l'extension afin de contrer une légère mais perpétuelle instabilité. Le geste se déroule, mais son rythme et ses adresses témoignent d'une certaine désorganisation motrice. Quotidiennement vécus et revécus, ces décalages moteurs marquent de leur sceau indélébile le cerveau qui se construit. Vers 7-8 ans, les contraintes imposées par les apprentissages scolaires laisseront souvent transparaître des difficultés d'apprentissage qui témoignent parfois de troubles au niveau du schéma corporel.

Des approches privilégiant le massage ou le porter peau contre peau des bébés "kangourous" sont autant d'accompagnements qui viennent soutenir la représentation du corps propre de l'enfant prématuré. La psychomotricité s'inscrit elle aussi dans la cohérence de ces stimulations et mobilise de façon privilégiée la construction du schéma corporel à travers postures et mouvements. Dans le ventre maternel, la paroi utérine offre une résistance souple et contenante qui ramène le fœtus en flexion alors qu'il se déploie. Cette alternance permet d'atteindre progressivement un équilibre entre les muscles fléchisseurs et extenseurs qui autorisera le nouveau-né à ramener ses membres près du tronc et s'organiser en flexion. Cependant, au sein de la couveuse, ces allers-retours restent comme suspendus, tonus, postures et mouvements se figeant alors dans des schémas d'extension.

Parce que la flexion permet au nouveau-né de vivre son corps dans des appuis stables et différenciés, elle est profondément organisatrice des postures et mouvements à venir. En ramenant l'enfant né prématurément dans une dynamique de flexion, le psychomotricien

lui offre un ressenti corporel cohérent où sensations et motricité s'harmonisent dans un langage commun. Donner du sens à la mise en posture de ces enfants en fragilité va donc interagir tant sur la construction du schéma corporel que sur la maturation même du cerveau en soutenant le développement cortico-spinal des voies motrices. Sur le plan de la construction de l'objet, elle ouvre de plus une fenêtre posturale stable dans laquelle l'exploration peut s'engager.
La cohérence de ces premières expériences psychomotrices proposées par cette approche thérapeutique permet à l'enfant d'exister dans une unité, une globalité du corps, qui participe à l'élaboration psychique du sujet et de son intégrité. Cette articulation si subtile entre motricité et psychisme sert donc d'étayage à l'organisation cognitive et relationnelle qui se met progressivement en place. Accompagner les parents dans cette rencontre de leur enfant où la posture va venir porter la relation relève également des compétences des psychomotriciens.
La psychomotricité offre un cadre corporel structurant à ces bébés en fragilité qui atténue significativement les difficultés sensori-motrices, cognitives et psychiques sur le long terme. Partie intégrante des soins de soutien au développement, elle intervient aujourd'hui pour le demain de ces enfants nés prématurément. »

Le point de vue de Delphine Druart, formatrice NIDCAP, NIDCAP Training Center, CHU Saint-Pierre, Bruxelles, Belgique ; coordinatrice projet soins de développement pour le SPF Santé publique belge

« L'évolution de la néonatologie a entraîné une diminution de la mortalité des enfants nés prématurés. Néanmoins, celle-ci s'accompagne de l'apparition d'une nouvelle morbidité. Cela doit nous amener à repenser nos unités, nos pratiques de soins. C'est ce qui est à l'origine du concept et de l'utilisation des programmes de soins soutenant le développement. En effet, la science nous donne de plus en plus d'informations sur ce qui peut être la source des problèmes rencontrés ultérieurement par ces bébés et ces familles : séparation maternelle, stimulations sensorielles inappropriées, manque de respect du sommeil, douleur et stress répétés lors des soins, des manipulations. Cela dans un contexte où le cerveau attend des stimulations appropriées à son stade de développement. Les soins de développement doivent tendre à améliorer la maturation neurosensorielle et la relation parents-bébé durant l'hospitalisation et au-delà.

Un programme de soins de développement doit dépasser l'application d'un ensemble de recettes et répondre aux besoins individuels de chaque bébé et de chaque famille. Ce qui est certain, c'est que pour nous aider à travailler dans le meilleur intérêt de chaque enfant et de sa famille, nous devons utiliser un outil qui nous permet de comprendre où en est le bébé dans son développement, quelles sont ses forces, ses fragilités et ce que l'on peut faire pour soutenir son développement.

Le programme NIDCAP est un outil précieux en ce sens. Il nous permet de travailler en collaboration avec les parents et de leur redonner leur place de parents. S'il reste difficile d'avoir un consensus scientifique sur l'effet bénéfique à long terme, le programme NIDCAP nous permet de répondre aux objectifs de soins de développement suivants : évaluation clinique et comportementale intégrée du bébé, diminution du stress et de la douleur, soins centrés sur la famille, promotion du Kangaroo Mother Care, soutien de l'allaitement maternel, renforcement de la présence et des compétences parentales, respect de l'organisation des cycles de veille/sommeil, soutien de la relation patient-soignant, diffusion auprès des services voisins d'une approche humaniste, outil d'enseignement structuré. Cela reste l'outil le plus étudié et le plus solide.

L'évaluation des bénéfices de ces programmes devrait être réalisée par des études qualitatives. Est-ce important d'atteindre plus vite

une autonomie orale si on n'y intègre pas d'évaluation de la qualité du repas ? Est-ce important de voir le bébé prendre plus vite du poids, s'il vit des stimulations stressantes qui entraînent une surcharge sensorielle ?
Nos pratiques doivent changer, mais aussi ce qui est attendu de ces pratiques.
La stimulation par la musique pose des questions : quelle musique ? Pour quel bébé ? Prend-on en compte le risque de surcharge sensorielle ? La recherche est néanmoins unanime pour dire que le bébé doit recevoir des stimulations affectives au plus proche de ce qu'il aurait eu *in utero* et que cela ne peut être assuré que par la présence de ses parents, par du peau-à-peau le plus continu possible (KMC), même chez les tout petits bébés, ventilés, fragiles, mais aussi chez les prématurés proches de l'âge du terme. Donner de nouvelles réponses mécaniques, non naturelles au niveau sonore, au niveau de l'oralité nous fait passer à côté de ces stimulations naturelles indispensables pour un bon développement. Au quotidien, la lecture du comportement du bébé et l'adaptation des soins sur la base de celui-ci, en collaboration avec les parents, permettent une meilleure stabilité du bébé et une meilleure relation parents-enfant. C'est très valorisant pour les soignants. Néanmoins, cela nous demande de passer de soins orientés sur la tâche à des soins orientés sur le bébé, de soins basés sur l'horaire du soignant à des soins basés sur le rythme du bébé, de parents visiteurs à parents partenaires, de soins au bébé à des soins avec le bébé. La réflexion issue de l'observation individuelle d'un bébé peut nous amener à réfléchir sur les pratiques de service. C'est tout un processus qui nécessite un accompagnement. C'est aussi en ce sens que la formation apportée au travers du programme NIDCAP peut nous aider.
Cela semble de plus en plus évident à tous mais nécessite encore souvent une adaptation architecturale des unités, un changement du rôle de chacun. Cela chamboule la culture de nos unités et la représentation que nous avons de notre rôle de soignant.

Si je considère les parents comme acteurs des soins de leur enfant, quel est mon rôle ? Cela nécessite aussi que nous soyons d'accord pour remettre en cause nos pratiques, que ce soit au niveau de l'environnement, du positionnement, mais aussi sur la façon de pratiquer les soins, de les organiser et nous amener à revoir la nécessité de certains, dans une approche individuelle. Cette approche nécessite une réelle réflexion d'équipe qui inclut les responsables de service, des institutions de soins dans une approche multidisciplinaire. Il est dès lors nécessaire de travailler sur le système et le fait de bousculer les habitudes dérange.
Le besoin de soutien au développement ne s'arrête pas à la sortie de nos unités. Les programmes qui se prolongent au-delà ont tous leur intérêt comme le programme MITP ou encore le programme IBAIP (prolongation du NIDCAP). Les soins de développement sont un modèle de soins standard en Suède. Ils se développent de manière importante en Europe.
L'évolution, en ce sens, relève de choix de santé publique. Le ministère de la Santé publique en Belgique soutient ainsi l'implantation des soins de développement et la promotion de l'allaitement maternel en maternité et dans les unités néonatales au travers du programme Initiative Hôpital ami des bébés (IHAB) et du programme NIDCAP. Des groupes de parents agissent aussi dans divers pays et ont une action au Parlement européen (EFCNI). Les soins de développement ont un bel avenir devant eux. »

Conclusion

Les enfants prématurés possèdent des compétences sensorielles précoces, bien que les deux derniers sens à se développer, l'audition et la vision, semblent être plus fragiles. De plus, l'immaturité physiologique et cérébrale de ces enfants, ainsi que les stimulations stressantes provenant des services de néonatologie, les placent dans une situation de grande vulnérabilité.

Cependant, une naissance prématurée ne signifie pas que l'enfant va systématiquement présenter des difficultés développementales, mais seulement qu'il peut présenter un risque plus important que s'il était né à terme. N'oublions pas qu'une majorité de ces enfants se développe de manière tout à fait similaire à celle des enfants nés à terme. Néanmoins, ce risque ne doit pas être négligé dans la mesure où la prématurité concerne plus de 10 % des naissances dans le monde.

Les recherches présentées dans cet ouvrage mettent en avant l'importance de continuer à identifier les compétences sensorielles précoces des enfants prématurés, de minimiser les stimulations environnementales stressantes des services de néonatologie et de privilégier des stimulations plus cohérentes et harmonieuses. Une réflexion constante doit être menée autour de l'application des soins de soutien au développement en concertation avec l'équipe soignante pluridisciplinaire et les parents, tout en considérant le comportement et le développement spécifiques de chaque enfant.

Références

[1] Blencowe H., Cousens S., Oestergaard M. Z., Chou D., Moller A. B., Narwal R., [...] Lawn J. E., « National, regional, and worldwide estimates of preterm birth rates in the year 2010 with time trends since 1990 for selected countries : A systematic analysis and implications », *The Lancet*, 2012, 379, p. 2162-2172.

[2] Blondel B., Lelong N., Kermarrec M., Goffinet F., National Coordination Group of the National Perinatal Surveys, « Trends in perinatal health in France from 1995 to 2010. Results from the French National Perinatal Surveys », *Journal de gynécologie, obstétrique et biologie de la reproduction*, 2012, 41, p. e1-e15.

[3] Gesell A., « Maturation and the patterning of behavior », *in* C. Muchison (éd.), *A Handbook of Child Psychology*, Worcester, Clark University Press, 1933, p. 209-235.

[4] Piaget J., *La Naissance de l'intelligence chez l'enfant*, Neuchâtel, Delachaux et Niestlé, 1936.

[5] Gardner H., *Histoire de la révolution cognitive*, Paris, Payot, 1993.

[6] Troadec B., Martinot C., *Le Développement cognitif. Théories actuelles de la pensée en contextes*, Paris, Belin, 2003.

[7] Spelke E., « Initial knowledge : Six suggestions », *Cognition*, 1994, 50, p. 431-445.

[8] Spelke E., « Nativism, empiricism, and the origins of knowledge », *Infant Behavior & Development*, 1998, 21, p. 181-200.

[9] Baillargeon R., « The object concept revisited : New directions in the investigation of infants' physical knowledge », *in* C. Granrud (éd.), *Visual*

Perception and Cognition in Infancy, Hillsdale, Lawrence Erlbaum Associates, 1993, p. 265-315.

[10] Karmiloff-Smith A., *Beyond Modularity : A Developmental Perspective on Cognitive Science*, Cambridge, MIT Press, 1992.

[11] Lejeune F., Gentaz E., « Comment le nouveau-né prématuré perçoit-il son environnement multisensoriel ? », *Médecine & enfance*, 2013, 33, p. 82-88.

[12] Kuhn P., Zores C., Astruc D., Dufour A., Casper C., « Développement sensoriel des nouveau-nés grands prématurés et environnement physique hospitalier », *Archives de pédiatrie*, 2011, 18, p. S92-S102.

[13] Gentaz E., *La Main, le Toucher et le Cerveau*, Paris, Dunod, 2009.

[14] Heller M., Gentaz E., *Psychology of Touch and Blindness*, Psychology Press, 2013.

[15] Lejeune F., Gentaz E., « Le toucher chez les enfants prématurés », *Enfance*, 2013, 1, p. 33-48.

[16] Hooker D., « The origin of the grasping movement in man », *Proceedings of the American Philosophical Society*, 1938, 79, p. 597-606.

[17] Hooker D., *The Prenatal Origin of Behavior*, Lawrence, University of Kansas Press, 1952.

[18] Humphrey T., « Some correlations between the appearance of human fetal reflexes and the development of the nervous system », *Progress in Brain Research*, 1964, 4, p. 93-135.

[19] Humphrey T., « The development of human fetal activity and its relation to postnatal behavior », *in* H. Reese, L. Lipsitt (éd.), *Advances in Child Development and Behavior*, New York, Academic Press, 1970, p. 1-52.

[20] Fearon I., Hains S. M. J., Muir D. W., Kisilevsky B. S., « Development of tactile responses in human preterm and full-term infants from 30 to 40 weeks postconceptional age », *Infancy*, 2002, 3, p. 31-51.

[21] Field T. M., Dempsey J. R., Hatch J., Ting G., Clifton R. K., « Cardiac and behavioral responses to repeated tactile and auditory stimulation by preterm and term neonates », *Developmental Psychology*, 1979, 15, p. 406-416.

[22] Streri A., Lhote M., Dutilleul S., « Haptic perception in newborns », *Developmental Science*, 2000, 3, p. 319-327.

[23] Lejeune F., Audeoud F., Marcus L., Streri A., Debillon T., Gentaz E., « The manual habituation and discrimination of shapes in preterm human infants from 33 to 34 + 6 post-conceptional age », *PloS One*, 2010, 5, p. e9108.

[24] Marcus L., Lejeune F., Berne-Audéoud F., Gentaz E., Debillon T., « Tactile sensory capacity of the preterm infant : Manual perception of shape from 28 gestational weeks », *Pediatrics*, 2012, 130, p. e88-94.
[25] Lejeune F., Berne-Audéoud F., Marcus L., Debillon T., Gentaz E., « The effect of postnatal age on the early tactile manual abilities of preterm infants », *Early Human Development*, 2014, 90, p. 259-264.
[26] Lejeune F., Marcus L., Berne-Audéoud F., Streri A., Debillon T., Gentaz E., « Intermanual transfer of shapes in preterm human infants from 33 to 34 + 6 weeks postconceptional age », *Child Development*, 2012, 83, p. 794-800.
[27] Giannakoulopoulos X., Sepulveda W., Kourtis P., Glover V., Fisk N. M., « Fetal plasma cortisol and beta-endorphin response to intrauterine needling », *The Lancet*, 1994, 344, p. 777-781.
[28] Lago P., Garetti E., Merazzi D., Pieragostini L., Ancora G., Pirelli A., Bellieni C. V., « Guidelines for procedural pain in the newborn », *Acta Paediatrica*, 2009, 98, p. 932-939.
[29] Yamada J., Stinson J., Lamba J., Dickson A., McGrath P. J., Stevens B., « A review of systematic reviews on pain interventions in hospitalized infants », *Pain Research & Management*, 2008, 13, p. 413-420.
[30] Grunau R. E., « Long term effects of pain-related stress on neurodevelopment and pain perception of infants born very prematurely », *Enfance*, 2013, 1, p. 15-31.
[31] Holsti L., Grunau R. E., Oberlander T. F., Whitfield M. F., Weinberg J., « Body movements : An important additional factor in discriminating pain from stress in preterm infants », *Clinical Journal of Pain*, 2005, 21, p. 491-498.
[32] Slater R., Cantarella A., Gallella S., Worley A., Boyd S., Meek J., Fitzgerald M., « Cortical pain responses in human infants », *The Journal of Neuroscience*, 2006, 26, p. 3662-3666.
[33] Slater R., Fitzgerald M., Meek J., « Can cortical responses following noxious stimulation inform us about pain processing in neonates ? », *Seminars in Perinatology*, 2007, 31, p. 298-302.
[34] Fabrizi L., Slater R., Worley A., Meek J., Boyd S., Olhede S., Fitzgerald M., « A shift in sensory processing that enables the developing human brain to discriminate touch from pain », *Current Biology*, 2011, 21, p. 1552-1558.
[35] Slater R., Worley A., Fabrizi L., Roberts S., Meek J., Boyd S., Fitzgerald M., « Evoked potentials generated by noxious stimulation in the human infant brain », *European Journal of Pain*, 2010, 14, p. 321-326.

[36] Bartocci M., Bergqvist L. L., Lagercrantz H., Anand K. J., « Pain activates cortical areas in the preterm newborn brain », *Pain*, 2006, 122, p. 109-117.

[37] Simons S. H., Van Dijk M., Anand K. S., Roofthooft D., Van Lingen R. A., Tibboel D., « Do we still hurt newborn babies ? A prospective study of procedural pain and analgesia in neonates », *Archives of Pediatrics & Adolescent Medicine*, 2003, 157, p. 1058-1064.

[38] Johnston C. C., Stevens B. J., « Experience in a neonatal intensive care unit affects pain response », *Pediatrics*, 1996, 98, p. 925-930.

[39] Slater R., Fabrizi L., Worley A., Meek J., Boyd S., Fitzgerald M., « Premature infants display increased noxious-evoked neuronal activity in the brain compared to healthy age-matched term-born infants », *NeuroImage*, 2010, 52, p. 583-589.

[40] Marlier L., Gaugler C., Astruc D., Messer J., « La sensibilité olfactive du nouveau-né prématuré », *Archives de pédiatrie*, 2007, 14, p. 45-53.

[41] Pihet S., Mellier D., Bullinger A., Schaal B., « Réponses comportementales aux odeurs chez le nouveau-né prématuré : étude préliminaire », *Enfance*, 1997, 1, p. 33-46.

[42] Goubet N., Rattaz C., Pierrat V., Alléman E., Bullinger A., Lequien P., « Olfactory familiarization and discrimination in preterm and full-term newborns », *Infancy*, 2002, 3, p. 53-75.

[43] Marlier L., Schaal B., Gaugler C., Messer J., « Olfaction in premature human newborns : Detection and discrimination abilities two months before birth », *in* A. Marchlewska-Koj, J. Leprik, D. Muller-Schwarze (éd.), *Chemical Signals in Vertebrates*, New York, Kluwer-Plenum, 2001, p. 205-209.

[44] Bartocci M., Winberg J., Papendieck G., Mustica T., Serra G., Lagercrantz H., « Cerebral hemodynamic response to unpleasant odors in the preterm newborn measured by near-infrared spectroscopy », *Pediatric Research*, 2001, 50, p. 324-330.

[45] Bartocci M., Winberg J., Ruggiero C., Bergqvist L. L., Serra G., Lagercrantz H., « Activation of olfactory cortex in newborn infants after odor stimulation : A functional near-infrared spectroscopy study », *Pediatric Research*, 2000, 48, p. 18-23.

[46] Goubet N., Rattaz C., Pierrat V., Bullinger A., Lequien P., « Olfactory experience mediates response to pain in preterm newborns », *Developmental Psychobiology*, 2003, 42, p. 171-180.

[47] Marlier L., Gaugler C., Messer J., « Olfactory stimulation prevents apnea in premature newborns », *Pediatrics*, 2005, 115, p. 83-88.

[48] Tatzer E., Schubert M. T., Timischl W., Simbruner G., « Discrimination of taste and preference for sweet in premature babies », *Early Human Development*, 1985, 12, p. 23-30.
[49] Bingham P. M., Abassi S., Sivieri E., « A pilot study of milk odor effect on nonnutritive sucking by premature newborns », *Archives of Pediatrics & Adolescent Medicine*, 2003, 157, p. 72-75.
[50] Bingham P. M., Churchill D., Ashikaga T., « Breast milk odor *via* olfactometer for tube-fed, premature infants », *Behavior Research Methods*, 2007, 39, p. 630-634.
[51] Bloch H., Lequien P., Provasi J., *L'Enfant prématuré*, Paris, Armand Colin, 2003.
[52] Graven S. N., Browne J. V., « Auditory development in the fetus and infant », *Newborn and Infant Nursing Reviews*, 2008, 8, p. 187-193.
[53] Kisilevsky B. S., Hains S. M. J., Lee K., Xie X., Huang H., Ye H. H., […] Wang Z., « Effects of experience on fetal voice recognition », *Psychological Science*, 2003, 14, p. 220-224.
[54] deRegnier R. A., Wewerka S., Georgieff M. K., Mattia F., Nelson C. A., « Influences of postconceptional age and postnatal experience on the development of auditory recognition memory in the newborn infant », *Developmental Psychobiology*, 2002, 41, p. 216-225.
[55] Therien J. M., Worwa C. T., Mattia F. R., deRegnier R. A., « Altered pathways for auditory discrimination and recognition memory in preterm infants », *Developmental Medicine and Child Neurology*, 2004, 46, p. 816-824.
[56] Krueger C., « Exposure to maternal voice in preterm infants : A review », *Advances in Neonatal Care*, 2010, 10, p. 13-20.
[57] White-Traut R. C., Nelson M. N., Silvestri J. M., Patel M., Lee H., Cimo S., McReynolds E., « Maturation of the cardiac response to sound in high-risk preterm infants », *Newborn and Infant Nursing Reviews*, 2009, 9, p. 193-199.
[58] Mahmoudzadeh M., Dehaene-Lambertz G., Fournier M., Kongolo G., Goudjil S., Dubois J., […] Wallois F., « Syllabic discrimination in premature human infants prior to complete formation of cortical layers », *Proceedings of the National Academy of Sciences of the United States of America*, 2013, 110, p. 4846-4851.
[59] Naoi N., Fuchino Y., Shibata M., Niwa F., Kawai M., Konishi Y., […] Myowa-Yamakoshi M., « Decreased right temporal activation and increased interhemispheric connectivity in response to speech in preterm infants at term-equivalent age », *Frontiers in Psychology*, 2013, 4, p. 94.

[60] Key A. P., Lambert E. W., Aschner J. L., Maitre N. L., « Influence of gestational age and postnatal age on speech sound processing in NICU infants », *Psychophysiology*, 2012, 49, p. 720-731.

[61] Bisiacchi P. S., Mento G., Suppiej A., « Cortical auditory processing in preterm newborns : An ERP study », *Biological Psychology*, 2009, 82, p. 176-185.

[62] Allen M. C., Capute A. J., « Assessment of early auditory and visual abilities of extremely premature infants », *Developmental Medicine and Child Neurology*, 1986, 28, p. 458-466.

[63] Bloch H., Mellier D., Fuenmajor G., « Organization of visual pursuit in preterm infants », *Infant Behavior & Development*, 1984, 7, p. 38.

[64] Dubowitz L. M., Dubowitz V., Morante A., Verghote M., « Visual function in the preterm and full-term newborn infant », *Developmental Medicine and Child Neurology*, 1980, 22, p. 465-475.

[65] Kavsek M., Bornstein M. H., « Visual habituation and dishabituation in preterm infants : A review and meta-analysis », *Research in Developmental Disabilities*, 2010, 31, p. 951-975.

[66] Kopp C. B., Sigman M., Parmelee A. H., Jeffrey W. E., « Neurological organization and visual fixation in infants at 40 weeks conceptional age », *Developmental Psychobiology*, 1975, 8, p. 165-170.

[67] Sigman M., Kopp C. B., Littman B., Parmelee A. H., « Infant visual attentiveness in relation to birth condition », *Developmental Psychology*, 1977, 13, p. 431-437.

[68] Field T. M., Woodson R., Cohen D., Greenberg R., Garcia R., Collins K., « Discrimination and imitation of facial expressions by term and preterm neonates », *Infant Behavior & Development*, 1983, 6, p. 485-489.

[69] Ricci D., Cesarini L., Groppo M., De Carli A., Gallini F., Serrao F., [...] Mosca F., « Early assessment of visual function in full-term newborns », *Early Human Development*, 2008, 84, p. 107-113.

[70] Ricci D., Cesarini L., Romeo D. M., Gallini F., Serrao F., Groppo M., [...] Mercuri E., « Visual function at 35 and 40 weeks' postmenstrual age in low-risk preterm infants », *Pediatrics*, 2008, 122, p. e1193-1198.

[71] Berne-Audéoud F., *Histoires d'avant. L'apprivoisement du monde de la prématurité...*, Lyon, Éditions Lieux Dits, 2010.

[72] Williams A. L., Van Drongelen W., Lasky R. E., « Noise in contemporary neonatal intensive care », *The Journal of the Acoustical Society of America*, 2007, 121, p. 2681.

[73] Kuhn P., Zores C., Langlet C., Escande B., Astruc D., Dufour A., « Moderate acoustic changes can disrupt the sleep of very preterm infants in their incubators », *Acta Paediatrica*, 2013, 102, p. 949-954.
[74] Kuhn P., Zores C., Pebayle T., Hoeft A., Langlet C., Escande B., [...] Dufour A., « Infants born very preterm react to variations of the acoustic environment in their incubator from a minimum signal-to-noise ratio threshold of 5 to 10 dBA », *Pediatric Research*, 2012, 71, p. 386-392.
[75] Lasky R. E., Williams A. L., « Noise and light exposures for extremely low birth weight newborns during their stay in the neonatal intensive care unit », *Pediatrics*, 2009, 123, p. 540-546.
[76] Wang D., Aubertin C., Barrowman N., Moreau K., Dunn S., Harrold J., « Examining the effects of a targeted noise reduction program in a neonatal intensive care unit », *Archives of Disease in Childhood. Fetal and Neonatal Edition*, 2014, 99, p. F203-208.
[77] Chen H. L., Chen C. H., Wu C. C., Huang H. J., Wang T. M., Hsu C. C., « The influence of neonatal intensive care unit design on sound level », *Pediatrics & Neonatology*, 2009, 50, p. 270-274.
[78] Hassanein S. M., El Raggal N. M., Shalaby A. A., « Neonatal nursery noise : Practice-based learning and improvement », *The Journal of Maternal, Fetal & Neonatal Medicine*, 2013, 26, p. 392-395.
[79] Wachman E. M., Lahav A., « The effects of noise on preterm infants in the NICU », *Archives of Disease in Childhood. Fetal and Neonatal Edition*, 2011, 96, p. F305-309.
[80] Graven S. N., Browne J. V., « Sleep and brain development : The critical role of sleep in fetal and early neonatal brain development », *Newborn and Infant Nursing Reviews*, 2008, 8, p. 173-179.
[81] Bremmer P., Byers J. F., Kiehl E., « Noise and the premature infant : Physiological effects and practice implications », *Journal of Obstetric, Gynecologic, and Neonatal Nursing*, 2003, 32, p. 447-454.
[82] Freudenthal A., Van Stuijvenberg M., Van Goudoever J. B., « A quiet NICU for improved infants' health, development and well-being : A systems approach to reducing noise and auditory alarms », *Cognition, Technology & Work*, 2012, 15, p. 329-345.
[83] Ozawa M., Sasaki M., Kanda K., « Effect of procedure light on the physiological responses of preterm infants », *Japan Journal of Nursing Science*, 2010, 7, p. 76-83.
[84] Morag I., Ohlsson A., « Cycled light in the intensive care unit for preterm and LBW infants (review) », *The Cochrane Database of Systematic Reviews*, 2013, 8, p. CD006982.

[85] Vasquez-Ruiz S., Maya-Barrios J. A., Torres-Narvaez P., Vega-Martinez B. R., Rojas-Granados A., Escobar C., Angeles-Castellanos M., « A light/dark cycle in the NICU accelerates body weight gain and shortens time to discharge in preterm infants », *Early Human Development*, 2014, 90, p. 535-540.

[86] Guyer C., Huber R., Fontijn J., Bucher H. U., Nicolai H., Werner H., [...] Jenni O. G., « Cycled light exposure reduces fussing and crying in very preterm infants », *Pediatrics*, 2012, 130, p. e145-151.

[87] Hansen V., Haumont D., « Design and staff issues in light control », *in* J. Sizun, J. V. Browne (éd.), *Research on Early Developmental Care for Preterm Neonates*, Paris, John Libbey Eurotext, 2005, p. 45-49.

[88] Rodrigues A. C., Guinsburg R., « Pain evaluation after a non-nociceptive stimulus in preterm infants during the first 28 days of life », *Early Human Development*, 2013, 89, p. 75-79.

[89] Holsti L., Grunau R. E., Whitfield M. F., Oberlander T. F., Lindh V., « Behavioral responses to pain are heightened after clustered care in preterm infants born between 30 and 32 weeks gestational age », *Clinical Journal of Pain*, 2006, 22, p. 757-764.

[90] Grunau R. E., Holsti L., Haley D. W., Oberlander T., Weinberg J., Solimano A., [...] Yu W., « Neonatal procedural pain exposure predicts lower cortisol and behavioral reactivity in preterm infants in the NICU », *Pain*, 2005, 113, p. 293-300.

[91] Comaru T., Miura E., « Postural support improves distress and pain during diaper change in preterm infants », *Journal of Perinatology*, 2009, 29, p. 504-507.

[92] Lyngstad L. T., Tandberg B. S., Storm H., Ekeberg B. L., Moen A., « Does skin-to-skin contact reduce stress during diaper change in preterm infants ? », *Early Human Development*, 2014, 90, p. 169-172.

[93] Peng N. H., Bachman J., Jenkins R., Chen C. H., Chang Y. C., Chang Y. S., Wang T. M., « Relationships between environmental stressors and stress biobehavioral responses of preterm infants in NICU », *The Journal of Perinatal & Neonatal Nursing*, 2009, 23, p. 363-371.

[94] Pitcher J. B., Riley A. M., Doeltgen S. H., Kurylowicz L., Rothwell J. C., McAllister S. M., [...] Ridding M. C., « Physiological evidence consistent with reduced neuroplasticity in human adolescents born preterm », *The Journal of Neuroscience*, 2012, 32, p. 16410-16416.

[95] Sullivan M. C., Hawes K., Winchester S. B., Miller R. J., « Developmental origins theory from prematurity to adult disease », *Journal of Obstetric, Gynecologic, and Neonatal Nursing*, 2008, 37, p. 158-164.

[96] Smith G. C., Gutovich J., Smyser C., Pineda R., Newnham C., Tjoeng T. H., [...] Inder T., « Neonatal intensive care unit stress is associated with brain development in preterm infants », *Annals of Neurology*, 2011, 70, p. 541-549.

[97] Pineda R. G., Neil J., Dierker D., Smyser C. D., Wallendorf M., Kidokoro H., [...] Inder T., « Alterations in brain structure and neurodevelopmental outcome in preterm infants hospitalized in different neonatal intensive care unit environments », *The Journal of Pediatrics*, 2014, 164, p. 52-60.

[98] Kuhn P., Astruc D., Messer J., Marlier L., « Exploring the olfactory environment of premature newborns : A French survey of health care and cleaning products used in neonatal units », *Acta Paediatrica*, 2011, 100, p. 334-339.

[99] Anderson P. J., « Neuropsychological outcomes of children born very preterm », *Seminars in Fetal & Neonatal Medicine*, 2014, 19, p. 90-96.

[100] Bhutta A. T., « Cognitive and behavioral outcomes of school-aged children who were born preterm : A meta-analysis », *Journal of the American Medical Association*, 2002, 288, p. 728-737.

[101] Kerr-Wilson C. O., Mackay D. F., Smith G. C., Pell J. P., « Meta-analysis of the association between preterm delivery and intelligence », *Journal of Public Health*, 2012, 34, p. 209-216.

[102] de Kieviet J. F., Zoetebier L., Van Elburg R. M., Vermeulen R. J., Oosterlaan J., « Brain development of very preterm and very low-birth weight children in childhood and adolescence : A meta-analysis », *Developmental Medicine and Child Neurology*, 2012, 54, p. 313-323.

[103] Van de Weijer-Bergsma E., Wijnroks L., Jongmans M. J., « Attention development in infants and preschool children born preterm : A review », *Infant Behavior & Development*, 2008, 31, p. 333-351.

[104] Mulder H., Pitchford N. J., Hagger M. S., Marlow N., « Development of executive function and attention in preterm children : A systematic review », *Developmental Neuropsychology*, 2009, 34, p. 393-421.

[105] Aarnoudse-Moens C. S., Weisglas-Kuperus N., Van Goudoever J. B., Oosterlaan J., « Meta-analysis of neurobehavioral outcomes in very preterm and/or very low birth weight children », *Pediatrics*, 2009, 124, p. 717-728.

[106] Johnson S., Marlow N., « Growing up after extremely preterm birth : Lifespan mental health outcomes », *Seminars in Fetal & Neonatal Medicine*, 2014, 19, p. 97-104.

[107] Johnson S., Marlow N., « Preterm birth and childhood psychiatric disorders », *Pediatric Research*, 2011, 69, p. 11R-18R.

[108] Indredavik M. S., Skranes J. S., Vik T., Heyerdahl S., Romundstad P., Myhr G. E., Brubakk A. M., « Low-birth-weight adolescents : Psychiatric symptoms and cerebral MRI abnormalities », *Pediatric Neurology*, 2005, 33, p. 259-266.

[109] Skranes J., Vangberg T. R., Kulseng S., Indredavik M. S., Evensen K. A., Martinussen M., [...] Brubakk A. M., « Clinical findings and white matter abnormalities seen on diffusion tensor imaging in adolescents with very low birth weight », *Brain*, 2007, 130, p. 654-666.

[110] Bora S., Pritchard V. E., Chen Z., Inder T. E., Woodward L. J., « Neonatal cerebral morphometry and later risk of persistent inattention/hyperactivity in children born very preterm », *Journal of Child Psychology and Psychiatry*, 2014, 55, p. 828-838.

[111] Rose S. A., Feldman J. F., Jankowski J. J., « Recall memory in the first three years of life : A longitudinal study of preterm and term children », *Developmental Medicine and Child Neurology*, 2005, 47, p. 653-659.

[112] Luu T. M., Ment L., Allan W., Schneider K., Vohr B. R., « Executive and memory function in adolescents born very preterm », *Pediatrics*, 2011, 127, p. e639-646.

[113] Gimenez M., Junque C., Narberhaus A., Caldu X., Salgado-Pineda P., Bargallo N., [...] Botet F., « Hippocampal gray matter reduction associates with memory deficits in adolescents with history of prematurity », *NeuroImage*, 2004, 23, p. 869-877.

[114] Beauchamp M. H., Thompson D. K., Howard K., Doyle L. W., Egan G. F., Inder T. E., Anderson P. J., « Preterm infant hippocampal volumes correlate with later working memory deficits », *Brain*, 2008, 131, p. 2986-2994.

[115] Thompson D. K., Adamson C., Roberts G., Faggian N., Wood S. J., Warfield S. K., [...] Inder T. E., « Hippocampal shape variations at term equivalent age in very preterm infants compared with term controls : Perinatal predictors and functional significance at age 7 », *NeuroImage*, 2013, 70, p. 278-287.

[116] Omizzolo C., Scratch S. E., Stargatt R., Kidokoro H., Thompson D. K., Lee K. J., [...] Anderson P. J., « Neonatal brain abnormalities and memory and learning outcomes at 7 years in children born very preterm », *Memory*, 2014, 22, p. 605-615.

[117] Van Noort-Van der Spek I. L., Franken M. C., Weisglas-Kuperus N., « Language functions in preterm-born children : A systematic review and meta-analysis », *Pediatrics*, 2012, 129, p. 745-754.

[118] Barre N., Morgan A., Doyle L. W., Anderson P. J., « Language abilities in children who were very preterm and/or very low birth weight : A meta-analysis », *The Journal of Pediatrics*, 2011, 158, p. 766-774.

[119] Reidy N., Morgan A., Thompson D. K., Inder T. E., Doyle L. W., Anderson P. J., « Impaired language abilities and white matter abnormalities in children born very preterm and/or very low birth weight », *The Journal of Pediatrics*, 2013, 162, p. 719-724.

[120] Gozzo Y., Vohr B., Lacadie C., Hampson M., Katz K. H., Maller-Kesselman J., [...] Ment L. R., « Alterations in neural connectivity in preterm children at school age », *NeuroImage*, 2009, 48, p. 458-463.

[121] Rand K., Lahav A., « Impact of the NICU environment on language deprivation in preterm infants », *Acta Paediatrica*, 2014, 103, p. 243-248.

[122] Vohr B., « Speech and language outcomes of very preterm infants », *Seminars in Fetal & Neonatal Medicine*, 2014, 19, p. 78-83.

[123] Miyake A., Friedman N. P., Emerson M. J., Witzki A. H., Howerter A., Wager T. D., « The unity and diversity of executive functions and their contributions to complex "Frontal Lobe" tasks : A latent variable analysis », *Cognitive Psychology*, 2000, 41, p. 49-100.

[124] Anderson P., « Assessment and development of executive function (EF) during childhood », *Child Neuropsychology*, 2002, 8, p. 71-82.

[125] Burnett A. C., Scratch S. E., Anderson P. J., « Executive function outcome in preterm adolescents », *Early Human Development*, 2013, 89, p. 215-220.

[126] Borradori Tolsa C., Barisnikov K., Lejeune F., Hüppi P. S., « Développement des fonctions exécutives de l'enfant prématuré », *Archives de pédiatrie*, 2014, 21, p. 1035-1040.

[127] Witt A., Theurel A., Borradori Tolsa C., Lejeune F., Fernandes L., Van Hanswijck de Jonge L., [...] Hüppi P. S., « Emotional and effortful control abilities in 42-month-old very preterm and full-term children », *Early Human Development*, 2014, 90, p. 565-569.

[128] Lejeune F., Borradori Tolsa C., Bickle Graz M., Hüppi P. S., Barisnikov K., « Emotion, attention, and effortful control in 24-month-old very preterm and full-term children », *L'Année psychologique/Topics in Cognitive Psychology*, 2015.

[129] Ritter B. C., Perrig W., Steinlin M., Everts R., « Cognitive and behavioral aspects of executive functions in children born very preterm », *Child Neuropsychology*, 2014, 20, p. 129-144.
[130] Woodward L. J., Clark C. A., Bora S., Inder T. E., « Neonatal white matter abnormalities an important predictor of neurocognitive outcome for very preterm children », *PloS One*, 2012, 7, p. e51879.
[131] Taylor H. G., Filipek P. A., Juranek J., Bangert B., Minich N., Hack M., « Brain volumes in adolescents with very low birth weight : Effects on brain structure and associations with neuropsychological outcomes », *Developmental Neuropsychology*, 2011, 36, p. 96-117.
[132] Nosarti C., Rubia K., Smith A. B., Frearson S., Williams S. C., Rifkin L., Murray R. M., « Altered functional neuroanatomy of response inhibition in adolescent males who were born very preterm », *Developmental Medicine and Child Neurology*, 2006, 48, p. 265-271.
[133] Réveillon M., Urben S., Barisnikov K., Borradori Tolsa C., Hüppi P. S., Lazeyras F., « Functional neuroimaging study of performances on a Go/No go task in 6- to 7-year-old preterm children : Impact of intrauterine growth restriction », *NeuroImage. Clinical*, 2013, 3, p. 429-437.
[134] Larroque B., Ancel P. Y., Marchand-Martin L., Cambonie G., Fresson J., Pierrat V., [...] Alberge C., « Special care and school difficulties in 8-year-old very preterm children : the Epipage cohort study », *PloS One*, 2011, 6, p. e21361.
[135] de Jong M., Verhoeven M., Van Baar A. L., « School outcome, cognitive functioning, and behaviour problems in moderate and late preterm children and adults : A review », *Seminars in Fetal & Neonatal Medicine*, 2012, 17, p. 163-169.
[136] Rose S. A., Feldman J. F., Jankowski J. J., « Modeling a cascade of effects : The role of speed and executive functioning in preterm/full-term differences in academic achievement », *Developmental Science*, 2011, 14, p. 1161-1175.
[137] Grunewaldt K. H., Lohaugen G. C., Austeng D., Brubakk A. M., Skranes J., « Working memory training improves cognitive function in VLBW preschoolers », *Pediatrics*, 2013, 131, p. e747-754.
[138] Langerock N., Van Hanswijck de Jonge L., Bickle Graz M., Hüppi P. S., Borradori Tolsa C., Barisnikov K., « Emotional reactivity at 12 months in very preterm infants born at <29 weeks of gestation », *Infant Behavior & Development*, 2013, 36, p. 289-297.
[139] Treyvaud K., Doyle L. W., Lee K. J., Roberts G., Lim J., Inder T. E., Anderson P. J., « Social-emotional difficulties in very preterm and term

2-year-olds predict specific social-emotional problems at the age of 5 years », *Journal of Pediatric Psychology*, 2012, 37, p. 779-785.

[140] Spittle A. J., Treyvaud K., Doyle L. W., Roberts G., Lee K. J., Inder T. E., [...] Anderson P. J., « Early emergence of behavior and social-emotional problems in very preterm infants », *Journal of the American Academy of Child and Adolescent Psychiatry*, 2009, 48, p. 909-918.

[141] Clark C. A., Woodward L. J., Horwood L. J., Moor S., « Development of emotional and behavioral regulation in children born extremely preterm and very preterm : Biological and social influences », *Child Development*, 2008, 79, p. 1444-1462.

[142] Jones K. M., Champion P. R., Woodward L. J., « Social competence of preschool children born very preterm », *Early Human Development*, 2013, 89, p. 795-802.

[143] Fischi-Gomez E., Vasung L., Meskaldji D. E., Lazeyras F., Borradori Tolsa C., Hagmann P., Gentaz E., Hüppi P. S., « Structural brain connectivity in school-age preterm infants provides evidence for impaired networks relevant for higher order cognitive skills and social cognition », *Cerebral Cortex*, 2014.

[144] Treyvaud K., Ure A., Doyle L. W., Lee K. J., Rogers C. E., Kidokoro H., [...] Anderson P. J., « Psychiatric outcomes at age seven for very preterm children : Rates and predictors », *Journal of Child Psychology and Psychiatry*, 2013, 54, p. 772-779.

[145] Wittchen H., Kessler R., Pfister H., Hofler M., Lieb R., « Why do people with anxiety disorders become depressed ? A prospective-longitudinal community study », *Acta Psychiatrica Scandinavica*, 2000, 102, p. 14-23.

[146] Malsert J., Lejeune F., « Les troubles dépressifs maternels : conséquences sur le développement neurocognitif et affectif du jeune enfant », *Médecine & enfance*, 2015, 35, p. 21-29.

[147] Johnson S., Wolke D., « Behavioural outcomes and psychopathology during adolescence », *Early Human Development*, 2013, 89, p. 199-207.

[148] Somhovd M. J., Hansen B. M., Brok J., Esbjorn B. H., Greisen G., « Anxiety in adolescents born preterm or with very low birth weight : A meta-analysis of case-control studies », *Developmental Medicine and Child Neurology*, 2012, 54, p. 988-994.

[149] Pinto-Martin J., Levy S., Feldman J., Lorenz J., Paneth N., Whitaker A., « Prevalence of autism spectrum disorder in adolescent born with weighthing < 2000 grams », *Pediatrics*, 2011, 128, p. 883-891.

[150] Stern D., Bruschweiler-Stern N., Freeland A., *La Naissance d'une mère*, Paris, Odile Jacob, 1998.

[151] Borghini A., Pierrehumbert B., Miljkovitch R., Muller-Nix C., Forcada-Guex M., Ansermet F., « Mother's attachement representations of their premature infant at 6 and 18 months after birth », *Infant Mental Health Journal*, 2006, 27, p. 494-508.

[152] Korja R., Savonlahti E., Haataja L., Lapinleimu H., Manninen H., Piha J., Group P., « Attachement representations in mothers of preterm infants », *Infant Behavior & Development*, 2009, 32, p. 305-311.

[153] Miles M., Holditch-Davis D., Schwartz T., Scher M., « Depressive symptoms in mothers of prematurely born infants », *Journal of Developmental & Behavioral Pediatrics*, 2007, 28, p. 36-44.

[154] Singer L., Salvator A., Guo S., Collin M., Lilien L., Baley J., « Maternal psychological distress and parenting stress after the birth of a very low-birth-weight infant », *Journal of the American Medical Association*, 1999, 281, p. 799-805.

[155] Benzies K. M., Harrison M. J., Magill-Evans J. E., « Parenting stress, marital quality, and child behavior problems at age 7 years », *Public Health Nursing*, 2004, 21, p. 111-121.

[156] Gray P., Edwards D., O'Callaghan M., Cuskelly M., « Parenting stress in mothers of preterm infants during early infancy », *Early Human Development*, 2012, 88, p. 45-49.

[157] Bowlby J., *Attachement et perte*, vol. 1 : *L'Attachement*, Paris, Presses universitaires de France, 2002.

[158] Guedeney N., Guedeney A., *L'Attachement. Approche théorique*, Paris, Masson, 2002.

[159] Ainsworth M., Bell S., « Attachment, exploration, and separation : Illustrated by the behavior of one-year-olds in a strange situation », *Child Development*, 1970, 41, p. 49-67.

[160] Main M., Salomon J., « Discovery of an insecure-disorganized/disoriented attachment pattern », *in* T. B. Brazelton, M. W. Yogman (éd.), *Affective Development in Infancy*, Westport, Ablex Publishing, 1986, p. 95-124.

[161] Korja R., Latva R., Lehtonen L., « The effects of preterm birth on mother-infant interaction and attachment during the infant's first two years », *Acta Obstetricia et Gynecologica Scandinavica*, 2012, 91, p. 164-173.

[162] Van Ijzendoorn M. H., Schuengel C., Bakermans-Kranenburg M. J., « Disorganized attachment in early childhood : Meta-analysis of precursors,

concomitants, and sequelae », *Development and Psychopathology*, 1999, 11, p. 225-250.

[163] Montirosso R., Borgatti R., Trojan S., Zanini R., Tronick E., « A comparison of dyadic interactions and copying with still-face in healthy preterm and full-term infants », *British Journal of Developmental Psychology*, 2010, 28, p. 347-368.

[164] Schmücker G., Brisch K. H., Kohntop B., Betzler S., Osterle M., Pohlandt F., « The influence of prematurity, maternal anxiety, and infant's neurobiological risk on mother-infant interactions », *Infant Mental Health Journal*, 2005, 26, p. 423-441.

[165] Muller-Nix C., Forcada-Guex M., Pierrehumbert B., Jaunin L., Borghini A., Ansermet F., « Prematurity, maternal stress and mother-child interactions », *Early Human Development*, 2004, 79, p. 145-158.

[166] Forcada-Guex M., Borghini A., Pierrehumbert B., Ansermet F., Muller-Nix C., « Prematurity, maternal posttraumatic stress and consequences in the mother-infant relationship », *Early Human Development*, 2011, 87, p. 21-26.

[167] Korja R., Maunu J., Kirjavainen J., Savonlahti E., Haataja L., Lapinleimu H., « Mother-infant interaction is influenced by the amount of holding in preterm infants », *Early Human Development*, 2008, 84, p. 257-267.

[168] Wightman A., Schluchter M., Drotar D., Andreias L., Taylor H., Klein N., « Parental protection of extremely low birth weight children at age 8 years », *Journal of Developmental & Behavioral Pediatrics*, 2007, 28, p. 317-326.

[169] Ment L. R., Hirtz D., Hüppi P. S., « Imaging biomarkers of outcome in the developing preterm brain », *The Lancet Neurology*, 2009, 8, p. 1042-1055.

[170] Kwon S. H., Vasung L., Ment L. R., Hüppi P. S., « The role of neuroimaging in predicting neurodevelopmental outcomes of preterm neonates », *Clinics in Perinatology*, 2014, 41, p. 257-283.

[171] Schneider J., Vasung L., Truttmann A. C., Hüppi P. S., « Lésions cérébrales du prématuré et techniques d'imagerie à visée pronostique du développement neurocognitif », *Revue médicale suisse*, 2014, 10, p. 442-449.

[172] Sizun J., Ratynski N., *L'Enfant né prématurément. Mieux le comprendre pour mieux le soutenir*, Paris, L'Harmattan, 2013.

[173] Field T., Diego M., Hernandez-Reif M., « Preterm infant massage therapy research : A review », *Infant Behavior & Development*, 2010, 33, p. 115-124.

[174] Vickers A., Ohlsson A., Lacy J. B., Horsley A., « Massage for promoting growth and development of preterm and/or low birth weight infants », *The Cochrane Database of Systematic Reviews*, 2004, 2, p. CD000390.

[175] Wang L., He J. L., Zhang X. H., « The efficacy of massage on preterm infants : A meta-analysis », *American Journal of Perinatology*, 2013, 30, p. 731-738.

[176] Diego M. A., Field T., Hernandez-Reif M., « Preterm infant weight gain is increased by massage therapy and exercise *via* different underlying mechanisms », *Early Human Development*, 2014, 90, p. 137-140.

[177] Hernandez-Reif M., Diego M., Field T., « Preterm infants show reduced stress behaviors and activity after 5 days of massage therapy », *Infant Behavior & Development*, 2007, 30, p. 557-561.

[178] Abdallah B., Badr L. K., Hawwari M., « The efficacy of massage on short and long term outcomes in preterm infants », *Infant Behavior & Development*, 2013, 36, p. 662-669.

[179] Diego M. A., Field T., Hernandez-Reif M., « Procedural pain heart rate responses in massaged preterm infants », *Infant Behavior & Development*, 2009, 32, p. 226-229.

[180] Guzzetta A., Baldini S., Bancale A., Baroncelli L., Ciucci F., Ghirri P., [...] Maffei L., « Massage accelerates brain development and the maturation of visual function », *The Journal of Neuroscience*, 2009, 29, p. 6042-6051.

[181] Guzzetta A., D'Acunto M. G., Carotenuto M., Berardi N., Bancale A., Biagioni E., [...] Cioni G., « The effects of preterm infant massage on brain electrical activity », *Developmental Medicine and Child Neurology*, 2011, 53, p. S46-51.

[182] Procianoy R. S., Mendes E. W., Silveira R. C., « Massage therapy improves neurodevelopment outcome at two years corrected age for very low birth weight infants », *Early Human Development*, 2010, 86, p. 7-11.

[183] Nyqvist K. H., Anderson G. C., Bergman N., Cattaneo A., Charpak N., Davanzo R., [...] Widstrom A. M., « Towards universal Kangaroo Mother Care : Recommendations and report from the First European Conference and Seventh International Workshop on Kangaroo Mother Care », *Acta Paediatrica*, 2010, 99, p. 820-826.

[184] Conde-Agudelo A., Diaz-Rossello J., « Kangaroo mother care to reduce morbidity and mortality in low birth weight infants », *The Cochrane Database of Systematic Reviews*, 2014, 4, p. CD002771.

[185] Feldman R., Rosenthal Z., Eidelman A. I., « Maternal-preterm skin-to-skin contact enhances child physiologic organization and cognitive control across the first 10 years of life », *Biological Psychiatry*, 2014, 75, p. 56-64.

[186] Kaffashi F., Scher M. S., Ludington-Hoe S. M., Loparo K. A., « An analysis of the kangaroo care intervention using neonatal EEG complexity : A preliminary study », *Clinical Neurophysiology*, 2013, 124, p. 238-246.

[187] Bera A., Ghosh J., Singh A. K., Hazra A., Mukherjee S., Mukherjee R., « Effect of kangaroo mother care on growth and development of low birth weight babies up to 12 months of age : A controlled clinical trial », *Acta Paediatrica*, 2014, 103, p. 643-650.

[188] Schneider C., Charpak N., Ruiz-Pelaez J. G., Tessier R., « Cerebral motor function in very premature-at-birth adolescents : A brain stimulation exploration of kangaroo mother care effects », *Acta Paediatrica*, 2012, 101, p. 1045-1053.

[189] Lawn J. E., Davidge R., Paul V. K., von Xylander S., de Graft Johnson J., Costello A., […] Molyneux L., « Born too soon : Care for the preterm baby », *Reproductive Health*, 2013, 10, p. S5.

[190] Haslbeck F. B., « Music therapy for premature infants and their parents : An integrative review », *Nordic Journal of Music Therapy*, 2012, 21, p. 203-226.

[191] Standley J. M., Cassidy J., Grant R., Cevasco A., Szuch C., Nguyen J., […] Adams K., « The effect of music reinforcement for non-nutritive sucking on nipple feeding of premature infants », *Pediatric Nursing*, 2010, 36, p. 138-145.

[192] Olischar M., Shoemark H., Holton T., Weninger M., Hunt R. W., « The influence of music on aEEG activity in neurologically healthy newborns ≥ 32 weeks' gestational age », *Acta Paediatrica*, 2011, 100, p. 670-675.

[193] Lubetzky R., Mimouni F. B., Dollberg S., Reifen R., Ashbel G., Mandel D., « Effect of music by Mozart on energy expenditure in growing preterm infants », *Pediatrics*, 2010, 125, p. e24-28.

[194] Garunkstiene R., Buinauskiene J., Uloziene I., Markuniene E., « Controlled trial of live versus recorded lullabies in preterm infants », *Nordic Journal of Music Therapy*, 2014, 23, p. 71-88.

[195] Loewy J., Stewart K., Dassler A. M., Telsey A., Homel P., « The effects of music therapy on vital signs, feeding, and sleep in premature infants », *Pediatrics*, 2013, 131, p. 902-918.

[196] Filippa M., Devouche E., Arioni C., Imberty M., Gratier M., « Live maternal speech and singing have beneficial effects on hospitalized preterm infants », *Acta Paediatrica*, 2013, 102, p. 1017-1020.

[197] Arnon S., Diamant C., Bauer S., Regev R., Sirota G., Litmanovitz I., « Maternal singing during kangaroo care led to autonomic stability in preterm infants and reduced maternal anxiety », *Acta Paediatrica*, 2014, 103, p. 1039-1044.

[198] Neal D. O., Lindeke L. L., « Music as a nursing intervention for preterm infants in the NICU », *Neonatal Network*, 2008, 27, p. 319-327.

[199] Rauh V. A., Nurcombe B., Achenbach T. M., Howell C., « The Mother-Infant Transaction Program. The content and implications of an intervention for the mothers of low-birth-weight infants », *Clinics in Perinatology*, 1990, 17, p. 31-45.

[200] Kaaresen P. I., Ronning J. A., Tunby J., Nordhov S. M., Ulvund S. E., Dahl L. B., « A randomized controlled trial of an early intervention program in low birth weight children : Outcome at 2 years », *Early Human Development*, 2008, 84, p. 201-209.

[201] Kaaresen P. I., Ronning J. A., Ulvund S. E., Dahl L. B., « A randomized, controlled trial of the effectiveness of an early-intervention program in reducing parenting stress after preterm birth », *Pediatrics*, 2006, 118, p. e9-19.

[202] Nordhov S. M., Ronning J. A., Ulvund S. E., Dahl L. B., Kaaresen P. I., « Early intervention improves behavioral outcomes for preterm infants : Randomized controlled trial », *Pediatrics*, 2012, 129, p. e9-e16.

[203] Milgrom J., Newnham C., Anderson P. J., Doyle L. W., Gemmill A. W., Lee K., […] Inder T., « Early sensitivity training for parents of preterm infants : Impact on the developing brain », *Pediatric Research*, 2010, 67, p. 330-335.

[204] Milgrom J., Newnham C., Martin P. R., Anderson P. J., Doyle L. W., Hunt R. W., […] Gemmill A. W., « Early communication in preterm infants following intervention in the NICU », *Early Human Development*, 2013, 89, p. 755-762.

[205] Newnham C. A., Milgrom J., Skouteris H., « Effectiveness of a modified Mother-Infant Transaction Program on outcomes for preterm infants from 3 to 24 months of age », *Infant Behavior & Development*, 2009, 32, p. 17-26.

[206] Achenbach T. M., Howell C. T., Aoki M. F., Rauh V. A., « Nine-year outcome of the Vermont intervention program for low birth weight infants », *Pediatrics*, 1993, 91, p. 45-55.

[207] Benzies K. M., Magill-Evans J. E., Hayden K. A., Ballantyne M., « Key components of early intervention programs for preterm infants and their parents : A systematic review and meta-analysis », *BMC Pregnancy and Childbirth*, 2013, 13, p. S10.

[208] Als H., Lawhon G., Brown E., Gibes R., Duffy F. H., McAnulty G., Blickman J. G., « Individualized behavioral and environmental care for the very low birth weight preterm infant at high risk for bronchopulmonary dysplasia : Neonatal intensive care unit and developmental outcome », *Pediatrics*, 1986, 78, p. 1123-1132.

[209] Als H., Lawhon G., Duffy F. H., McAnulty G. B., Gibes-Grossman R., Blickman J. G., « Individualized developmental care for the very low-birth-weight preterm infant », *Journal of the American Medical Association*, 1994, 272, p. 853-858.

[210] Peters K. L., Rosychuk R. J., Hendson L., Cote J. J., McPherson C., Tyebkhan J. M., « Improvement of short- and long-term outcomes for very low birth weight infants : Edmonton NIDCAP trial », *Pediatrics*, 2009, 124, p. 1009-1020.

[211] Als H., Duffy F. H., McAnulty G., Butler S. C., Lightbody L., Kosta S., [...] Warfield S. K., « NIDCAP improves brain function and structure in preterm infants with severe intrauterine growth restriction », *Journal of Perinatology*, 2012, 32, p. 797-803.

[212] Als H., Duffy F. H., McAnulty G. B., Rivkin M. J., Vajapeyam S., Mulkern R. V., [...] Eichenwald E. C., « Early experience alters brain function and structure », *Pediatrics*, 2004, 113, p. 846-857.

[213] Kleberg A., Westrup B., Stjernqvist K., « Developmental outcome, child behaviour and mother-child interaction at 3 years of age following Newborn Individualized Developmental Care and Intervention Program (NIDCAP) intervention », *Early Human Development*, 2000, 60, p. 123-135.

[214] McAnulty G., Duffy F. H., Kosta S., Weisenfeld N. I., Warfield S. K., Butler S. C., [...] Als H., « School age effects of the newborn individualized developmental care and assessment program for medically low-risk preterm infants : Preliminary findings », *Journal of Clinical Neonatology*, 2012, 1, p. 184-194.

[215] Ohlsson A., Jacobs S. E., « NIDCAP : A systematic review and meta-analyses of randomized controlled trials », *Pediatrics*, 2013, 131, p. e881-893.

[216] Legendre V., Burtner P. A., Martinez K. L., Crowe T. K., « The evolving practice of developmental care in the neonatal unit : A systematic review », *Physical & Occupational Therapy in Pediatrics*, 2011, 31, p. 315-338.

[217] Wallin L., Eriksson M., « Newborn Individual Development Care and Assessment Program (NIDCAP) : A systematic review of the literature », *Worldviews on Evidence-Based Nursing*, 2009, 6, p. 54-69.

[218] Feldman R., « Les programmes d'intervention pour les enfants prématurés et leur impact sur le développement : et trop et pas assez », *Devenir*, 2002, 14, p. 239-263.

[219] Spittle A., Orton J., Anderson P., Boyd R., Doyle L. W., « Early developmental intervention programmes post-hospital discharge to prevent motor and cognitive impairments in preterm infants », *The Cochrane Database of Systematic Reviews*, 2012, 12, p. CD005495.

Remerciements

Tout ce travail n'aurait pu se faire sans de nombreux soutiens. Tout d'abord, nous tenons à remercier très sincèrement tous les parents et les enfants qui acceptent de participer à toutes ces recherches, ainsi que les équipes de néonatologie et de pédiatrie des hôpitaux de Grenoble, de Genève et de Lausanne avec lesquels nous collaborons depuis plusieurs années de manière complémentaire et fructueuse. Nous n'oublions pas les conseils avisés de nos collègues psychologues et ami(e)s et les soutiens psychologiques de nos familles respectives.

Ce type de travail exige des soutiens logistiques et financiers de différentes institutions comme la Région Rhône-Alpes, le CNRS (LPNC, UMR 5105), les universités de Grenoble et de Genève (FAPSE-Laboratoire SMAS).

Enfin, un grand merci à toutes les personnes qui ont accepté de nous donner leurs indispensables « points de vue », à Odile Jacob et à son équipe, plus particulièrement à Émilie Barian pour son soutien et ses précieux conseils dans l'écriture de cet ouvrage.

Table

Cet ouvrage a été composé
en Electra et en Whitney
par Nord Compo
à Villeneuve-d'Ascq (Nord).

N° d'édition : 7381-3287-X – N° d'impression : 00000
Dépôt légal : mai 2015

Imprimé en France

www.ingramcontent.com/pod-product-compliance
Lightning Source LLC
LaVergne TN
LVHW051013051026
849532LV00004BA/1194
* 9 7 8 2 7 3 8 1 3 2 8 7 1 *